CONTENTS

1.

自然的樹木
NaturalTree

這組拼縫圖案是一棵風格獨具的樹和樹葉,自然得像一幅手繪圖。這款包包深度與寬度夠,收納性非常良好。

做法 = 36頁
長21cm × 寬18cm × 深18cm
布料提供 = Cotton Kobayahi

2.

多彩的圓點
C o l o r f u l C o i n D o t s

從五彩繽紛的不織布上剪下一個個圓點，
用毛線縫在包包上，很有手作風味。

做法 = 36 頁
長21cm × 寬18cm × 深18cm
布料提供 = Cotton Kobayahi

3.

甜蜜的櫻桃
s w e e t c h e r r y

這幅用毛線手縫的櫻桃拼縫圖案是用
漂亮的藍色和深藍色組合而成。裡布
則使用了顏色相稱、高雅的花紋布。

做法＝36頁
長21cm×寬18cm×深18cm
布料提供＝Cotton Kobayahi（素面布）
　　　　　Elegance　　　（花紋布）

4.

噗噗小豬
Pink-Oink Pig

可愛的小豬包包讓我就算只是去巷口也
想帶著它。稍長的提帶宜手提也宜肩
背。

做法＝ 36 頁
長21cm ×寬18cm ×深18cm
布料提供＝ Cotton Kobayahi

5.

冷調的花
C o o l F l o w e r

這款長形包包的素面和花紋布搭配得無
懈可擊。不織布的特點是布邊不脫線，
可以善加運用，多多發揮。

做法＝38頁
長33cm ×寬30cm
布料提供＝ Cotton Kobayahi（花紋布）

6.7.
可愛的法國洋梨
Cute*LaFrancePear

這兩個一大一小的包包是用毛線直接將素面和花紋
布結合。之後再縫上獨特的法國洋梨圖案即可。

做法＝40頁

6長18cm×寬15cm
7長33cm×寬30cm
布料提供＝Cosumo Textile（素面布）
圓形磁扣提供＝Hamanaka

6

7

8.

質樸的鄉村
C o u n t r y A i r

這款包包是在扁扁的袋身上以鄉村的
插圖風圖案拼縫。素面布感覺比較成
熟、沉靜。

做法＝42頁
長36cm×寬46.5cm
布料提供＝Cosumo Textile（素面布）

＊也可以翻面使用

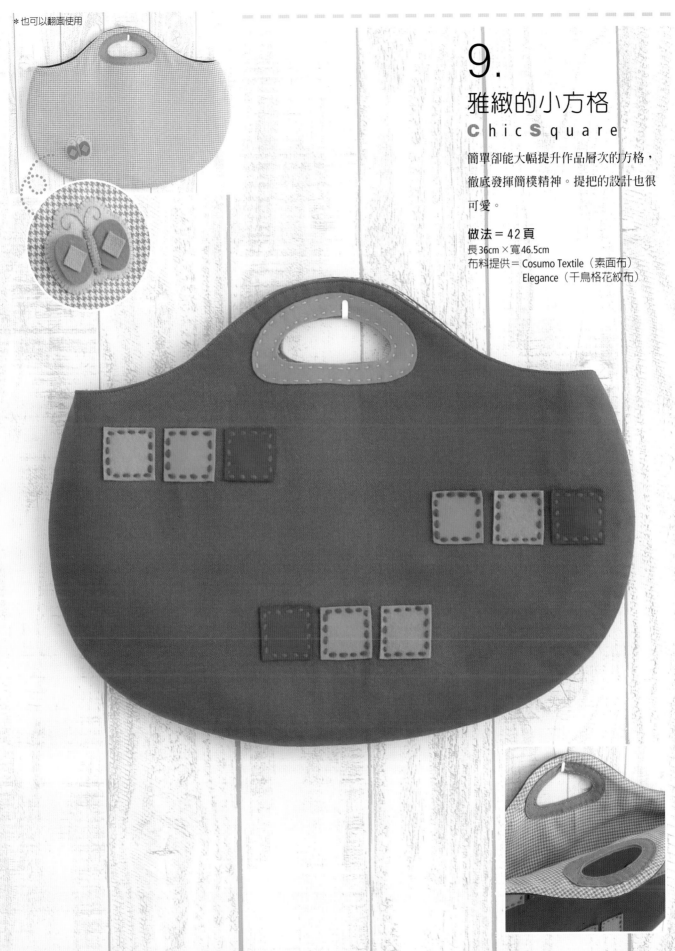

*也可以翻面使用

9.
雅緻的小方格
c h i c S q u a r e

簡單卻能大幅提升作品層次的方格，
徹底發揮簡樸精神。提把的設計也很
可愛。

做法＝42頁
長36cm×寬46.5cm
布料提供＝Cosumo Textile（素面布）
　　　　　　Elegance（千鳥格花紋布）

10.
熱鬧的花園
F l o w e r G a r d e n

色彩繽紛的花朵看來活力充沛。為了讓圖案看
來活潑，葉片部分還另外搭配圓點布。

做法 = 44 頁
長30cm×寬40cm

11.12.

色彩豐富的蘋果
Colorful**A**pple

在素面布和花紋布接合的地方用毛線一
針一線地縫合。這兩個一大一小的包包
手作感非常突出。蘋果圖案也令人印象
深刻。

做法＝46頁
11 長17cm ×寬23cm
12 長30cm ×寬40cm
布料提供＝ Cotton Kobayahi（素面布）
圓形磁扣提供＝ Hamanaka

＊背後圖案

11

12

13.14.
簡潔的幸運草
Yes!Clover

丹寧布縫上幸運草圖案，看來活潑，效果
也很好。為了免除在大包包裡找尋零錢包
的困擾，所以用銀色小鍊圈固定起來。

做法＝49頁
13 長15cm×寬11cm×深4cm
14 長30cm×寬40cm

14

13

15.16.

藍色海洋風花朵
B l u e F l o w e r

高雅的粗花毛呢底布加上同色系的
花更顯成熟。花的邊邊不縫合，這
樣毛線手縫的部分更加搶眼。

做法＝51頁
15 長17cm ×寬23cm
16 長30cm ×寬40cm
布料提供＝Elegance

15

16

17.18.

快樂的家庭
Happy**H**ome

這款底部四邊形的直筒長包,容量大得驚人又很實用。同款的化妝包是可愛的迷你款。家的拼縫圖案傳達出溫馨的感覺。

做法＝52頁
17長23cm×寬12cm×深12cm
18長14cm×寬9cm×深4cm
布料提供＝Cosumo Textile（素面布）

18

17

14

19.20.

俐落的秋葉
Autumn**L**eaf

充滿秋意的底布縫上一片樹葉，更加強秋天的風味。不同花色布料縫合處強調的直線給人清爽俐落的感覺。

做法＝55頁
19長23cm×寬12cm×深12cm
20長14cm×寬9cm×深4cm
布料提供＝Cosumo Textile（素面布）

19

20

21.

紫色夢幻小花
PurpleFlower

花布上的小花圖案惹人憐愛，底部的素面
布則選用和其中一朵小花同色系的素面
布。不織布花瓣邊邊沒有縫合，呈現立體
感，看來相當可愛。

做法＝ 57 頁
長20cm × 寬38cm
布料提供＝ Cotton Kobayahi （素面布）

22.23.

青蛙與荷葉
Frog & Water Plant

這款是很有觸感的粗花毛呢提包組。不織布圖案
是青蛙正要向一片荷葉跳去。零錢包用色和大包
相同，可愛非常。

做法 = 58 頁
22 長 20cm × 寬 38cm
23 長 10cm × 寬 15cm
圓形磁扣提供 = Hamanaka

23

22

24.

別緻的圓點
C h i c C o i n D o t s

使用高貴布料的寬版肩背包，走成熟風。圓點
顏色雖然不多，卻為整個袋子增添風情。

做法 = 61頁
長20cm × 寬38
布料提供 = Elegance

※ 也可以翻面使用

26

25

25. 26.
竹葉與貓熊
B a m b o o P a n d a B e a r

橫長形提包配上圓滾滾的熊貓身影真是超可愛！圖案是熊貓吃著一根竹葉，卻又嘴饞地看著零錢包的竹葉，充滿故事性。

做法＝62頁
25 長10cm × 寬15cm
26 長20cm × 寬38cm
布料提供＝Cosumo Textile（花紋布）

27.

有型有款的幸運草
s t y l i s h C l o v e r

在粗花毛呢布上縫一朵幸運草，而素色布面則縫上
一架飛機。這是一個可隨心情變換的手提包。

做法 = 64頁
長21.5cm × 寬20cm × 深15cm
布料提供 = Elegance（粗花毛呢布）

＊也可以翻面使用

28.

黑白配幸運草
M o n o t o n e **C** l o v e r

以27款包包做色彩變化後，時尚的黑白色調
營造出整體感，當上班提袋也很好用。

做法 = 64 頁
長 21.5cm × 寬 20cm × 深 15cm
布料提供 = Elegance（粗花毛呢布）

＊也可以翻面使用

29.
花朵和小點點
F lower & D ots

很有觸感的人字毛呢布以花朵和大小
圓點的拼縫圖案加以點綴。竹製的提
把更添自然風,是一款相當好用的提
袋。

做法＝66頁
長31cm ×寬28cm ×深10cm
竹材提把、圓形磁扣提供＝ Hamanaka

30.

蘋果啊！蘋果！
A pple-A pple

用刺繡與不織布將放在小缽裡的蘋
果以插圖方式展現出來。用色與底
布同色系，就不會太突兀。

做法＝ 6 3 頁
長 21.5cm × 寬 20cm × 深 15cm
布料提供＝ Cosumo Textile

31.

優雅的小鳥
E l e g a n t B i r d

短期旅行也適用的大托特包。黑色底布上點綴了一隻
翠綠色小鳥，很有時尚感。提把長度正適合肩背。

做法＝68頁

長36.5cm×寬35cm×深15cm

布料提供＝Cosumo Textile（素面布）
                  Elegance（花紋布）

圓形磁扣提供＝HAMANAKA

32.
絢麗的天堂鳥
P a r a d i s e F l o w e r

這組托特包的花紋布和素色底布搭配非常協
調，綁個蝴蝶結更添時髦感，加朵夢幻的花
朵圖案，很有小女人風味。

做法＝70頁
長36.5cm×寬35cm×深15cm
布料提供＝Cotton Kobayahi （素面布）
　　　　　　Elegance（花紋布）

33.

帽子和圓圈
H at & C i r c l e s

這個背帶偏長、袋身較軟的提袋可以容納得下一大本
雜誌。圓點和條紋花樣的拼縫很清爽且動感十足。

做法＝75頁
長36cm×寬27cm
布料提供＝Cosumo Textile（素面布）

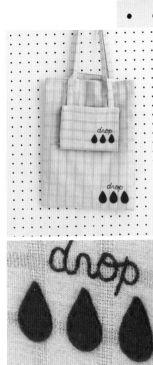

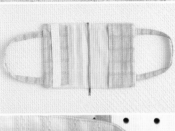

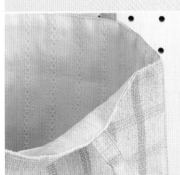

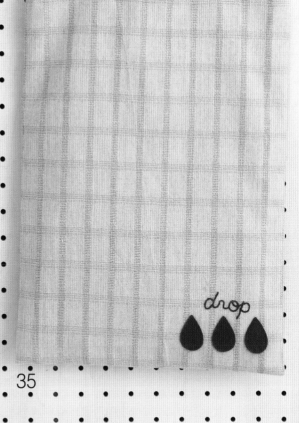

34

35

34.35.
滴落的淚珠
T e a r d r o p s

用自然風格子布的書套和軟式提袋充份
表現出樂活主張。書套有提手，所以也
可以掛在大提袋的背帶上出門。

做法＝72頁
34手扎大小
35長36cm×寬27cm
布料提供＝Cosumo Textile

36.37.

亞洲之花
A sian **F** lower

使用布料大膽，再加上民族風的花朵，這組包包很有
特色。正符合在休假時與三五好友喝下午茶的悠閒氣
氛。

做法＝72頁
36長36cm×寬27cm
37手扎大小

37

36

38.39.

可愛的花朵
Lovely Flower

這組是前組稍作變化後,以大小包款呈現,您可以視
當時需要挑選使用。

拼縫圖案和28頁一樣,但基調不同。

做法＝76頁
38長25cm×寬20cm
39長36cm×寬27cm

38

39

40.41.

一路順風！

BonVoyage

筆袋式的化妝包用途很廣泛。可多做幾個以方便應用。拼縫圖案都是以旅行為
主題。那麼，就讓我們也整裝來趟旅行吧！

做法＝78頁
40、41長12cm×寬20cm
布料提供＝Cosumo Textile（素面布）

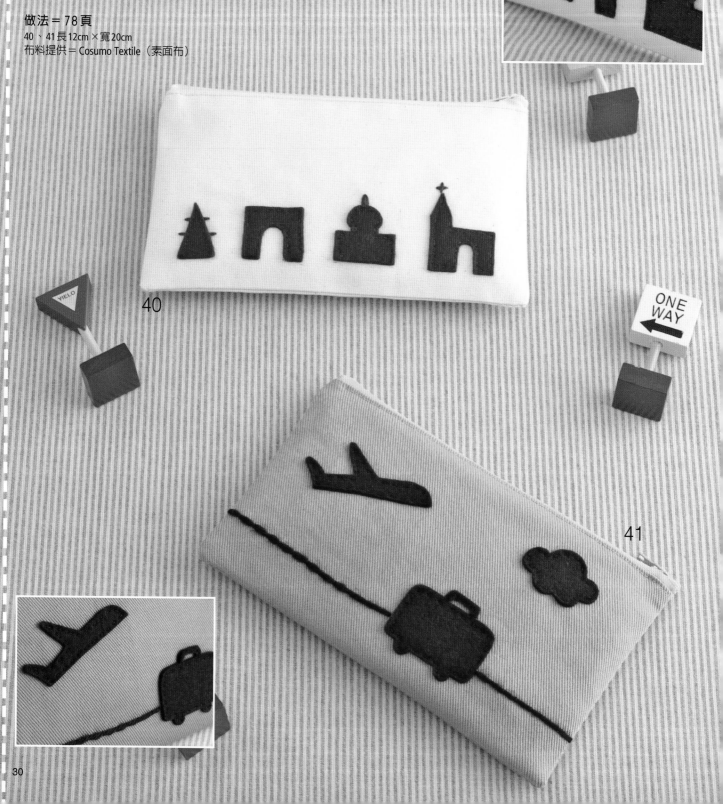

42.43.44.45.

圓形與星星
Circle**S**tar

附拉鍊的化妝包使用的是舖棉材質。舖棉的優點是可

減少衝擊力道,裡面放容易刮傷的MP3、iPod或是

PDA等也不用擔心。

做法 = 77頁
42、45 長24cm×寬24cm
43、44 長14cm×寬14cm
布料提供 = Elegance

42

43

44

45

46.47.48.

花兒呀！花兒！

Flower-Flower

以花朵為主題的拼縫圖案很有插畫風，非常可愛！這組小包包是最適合送給朋友的貼心禮物。

46 做法＝79頁

47.48 做法＝78頁

46 長15cm×寬11cm×深4cm

47、48 長13cm×寬13cm×深4cm

布料提供＝ Cosumo Textile（46）

46

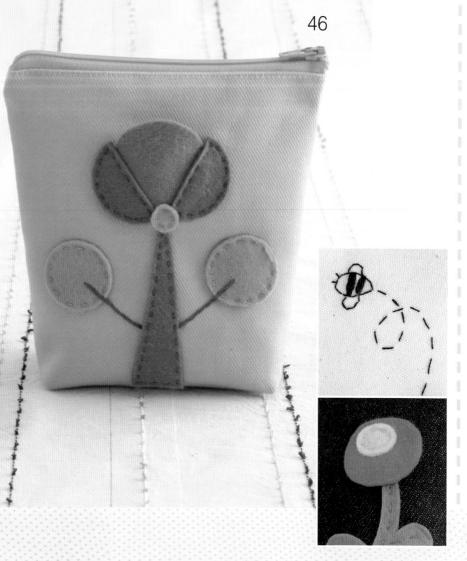

47

48

開始製作之前

看圖與剪裁方法

本書的圖有兩種畫法，兩種都是內側粗的線為完成線，外側的細線為表示縫份的線。縫份方面，如果有○框住的數字，以該數字為縫份，否則都是1cm。不需要留縫份的圖會註明「裁掉」。

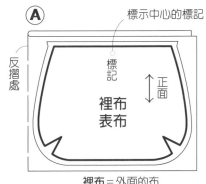

A 標示中心的標記

反摺處　正面　標記

裡布
表布

裡布＝外面的布
表布＝內裡的布

A 沒寫尺寸大小的圖

這時會有另一個袋身的版型圖。請參考寫有「袋身的版型請參考××頁」，翻到該頁參考版型圖來做準備。

B 有寫尺寸大小的圖

直線且四角形的簡單製圖只要在布上畫直線就能完成製圖。

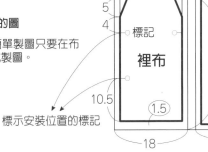
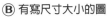

B

1　1
5
4　標記
裡布
10.5　(1.5)
18

裡布
33.5　正面
38
29

反摺處

標示安裝位置的標記

車縫合時的要點

開始和結束時要倒縫一小段。倒縫時要縫在一樣的地方，而且要縫重覆兩三次。

倒縫約0.5cm～1cm

背面

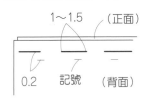

同一個地方（背面）要來回縫

＊ 疏縫的縫法 ＊

疏縫（用線大略縫一下）

1～1.5　（正面）

0.2　記號　（背面）

圓形磁扣的固定方法

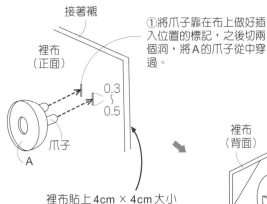

A的磁扣墊片　　B的磁扣墊片（和A的一樣）

A的正面（凹）　　B的正面（凸）

爪子　A的背面　　爪子　B的背面

接著襯

裡布（正面）

0.3～0.5

爪子
A

①將爪子靠在布上做好插入位置的標記，之後切兩個洞，將A的爪子從中穿過。

裡布貼上4cm×4cm大小的連接用的布加強一下再安裝。

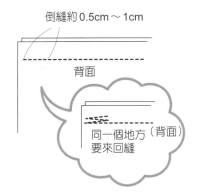

裡布（背面）

A的墊片

②將A的爪子穿過墊片的孔

接著襯

A的爪子

③將A的爪子向外壓到底

刺繡的縫法

繡線都是以六條線為一股。標示回針縫（紅／3條）時，就要把三條拿掉，只用三條來縫，如果沒指定的話，用一條就可以了。

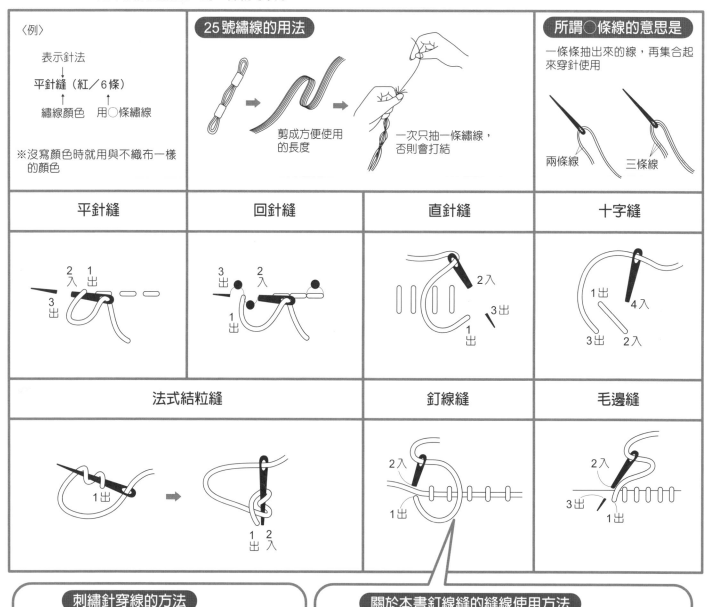

〈例〉

表示針法
↓
平針縫（紅／6條）
↑　　　↑
繡線顏色　用○條繡線

※沒寫顏色時就用與不織布一樣的顏色

25號繡線的用法

剪成方便使用的長度

一次只抽一條繡線，否則會打結

所謂○條線的意思是

一條條抽出來的線，再集合起來穿針使用

兩條線　　三條線

平針縫	回針縫	直針縫	十字縫
2入 1出 3出	3出 2入 1出	2入 1出 3出	1出 4入 3出 2入

法式結粒縫	釘線縫	毛邊縫
1出　1出 2入	2入 1出	2入 3出 1出

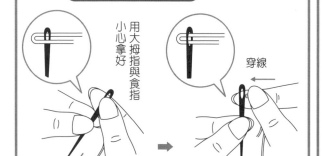

刺繡針穿線的方法

用大拇指與食指小心拿好

穿線

取出針

關於本書釘線縫的縫線使用方法

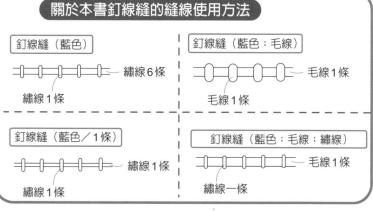

釘線縫（藍色）	釘線縫（藍色；毛線）
繡線6條　繡線1條	毛線1條　毛線1條
釘線縫（藍色／1條）	釘線縫（藍色；毛線；繡線）
繡線1條　繡線1條	毛線1條　繡線一條

拼縫圖案的固定方法

拼縫圖案的描法

圖案是由好幾個部分交疊而成的。
①將各部分分別描在紙上。
②用剪刀剪下。

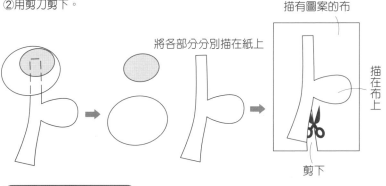

將各部分分別描在紙上

描有圖案的布

描在布上

剪下

刺繡圖案的描繪法

①將圖案描在描圖紙上。
②在布上將布用複寫紙、描好的圖案依序疊放。布用複寫紙要可以複寫的那一面貼著布，再用較硬的鉛筆或沒水的原子筆在布上描圖。

drop

將圖案描在描圖紙上

鉛筆

布用複寫紙

布

如何將拼縫圖案暫時固定

決定好拼縫圖案的縫製位置後，就先將拼縫圖案暫時固定起來。

Ⓐ 用珠針固定

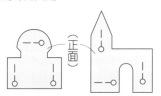

正面

Ⓑ 用手工藝專用噴膠固定

（背面）

記得將拼縫圖鋪在報紙等上用噴膠噴

Ⓒ 用手工藝專用雙面膠帶固定

背面

只固定一小部分的中央部位

拼縫圖案的縫製方法

Ⓐ 將各部分圖案由上到下固定在一起

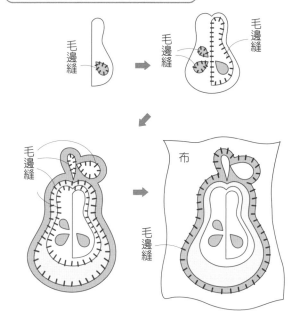

毛邊縫

毛邊縫

毛邊縫

毛邊縫

布

毛邊縫

Ⓑ 要一次固定好幾片時

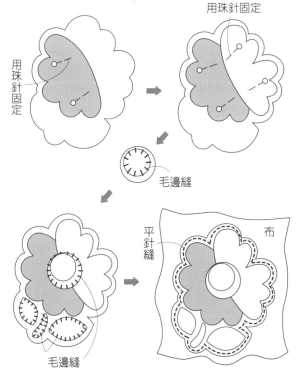

用珠針固定

用珠針固定

毛邊縫

平針縫

布

毛邊縫

35

＊本書所載作品之做法解說＊

第2頁1 · 第3頁2 · 第4頁3 · 第5頁4

1·2·3實物大小的拼縫圖案在80頁
4的拼縫圖案在81頁
實物大小的紙型在95頁

■1的材料
A布（棉、素色）長100cm寬40cm
B布（棉、花紋）長100cm寬35cm
舖棉襯　長100cm寬35cm
不織布（深綠色）15cm×15cm
並太毛線（草綠色）
25號刺繡線（深綠色）

■2的材料
A布（棉、素色）長100cm寬40cm
B布（棉、條紋）長100cm寬35cm
舖棉襯　長100cm寬35cm
不織布（草綠色、磚紅色、芥末黃色、土耳其藍色）各
　　　　　15cm×15cm
並太毛線（草綠色、磚紅色、芥末黃色、土耳其藍色）

■3的材料
A布（棉、素色）長100cm寬40cm
B布（棉、花紋）長100cm寬35cm
舖棉襯　長100cm寬35cm
不織布（粉藍綠色、深藍色）各10cm×10cm
並太毛線（暗灰藍色）
25號刺繡線（深藍色）

■4的材料
A布（棉、素色）長100cm寬40cm
B布（棉、花紋）長100cm寬35cm
舖棉襯　長100cm寬35cm
不織布（深咖啡色）15cm×15cm
25號刺繡線（深咖啡色）

A、B布的剪裁方式

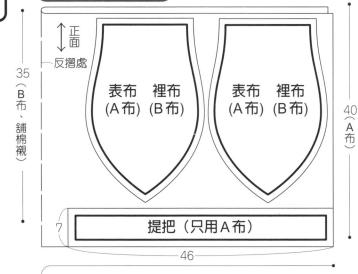

正面
反摺處
35（B布、舖棉襯）
7
表布(A布)　裡布(B布)
表布(A布)　裡布(B布)
提把（只用A布）
46
40（A布）
100cm長

＊開始縫製之前＊

在剪下來的表布（A布）上先縫
好拼縫圖案並完成刺繡後才開
始縫。

拼縫圖案的位置

1

2

2.5　　2.5
A
B
C
2　　　　2
6
C
D
A
D
A
B
C
B
D
A

3

7
2
sweet?

4

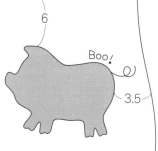

6
Boo!
3.5

A＝草綠色
B＝磚紅色
C＝芥末黃色
D＝土耳其藍色

★剪裁時，粗線是完成線，延伸到細線的部分為縫份，縫份是1cm。

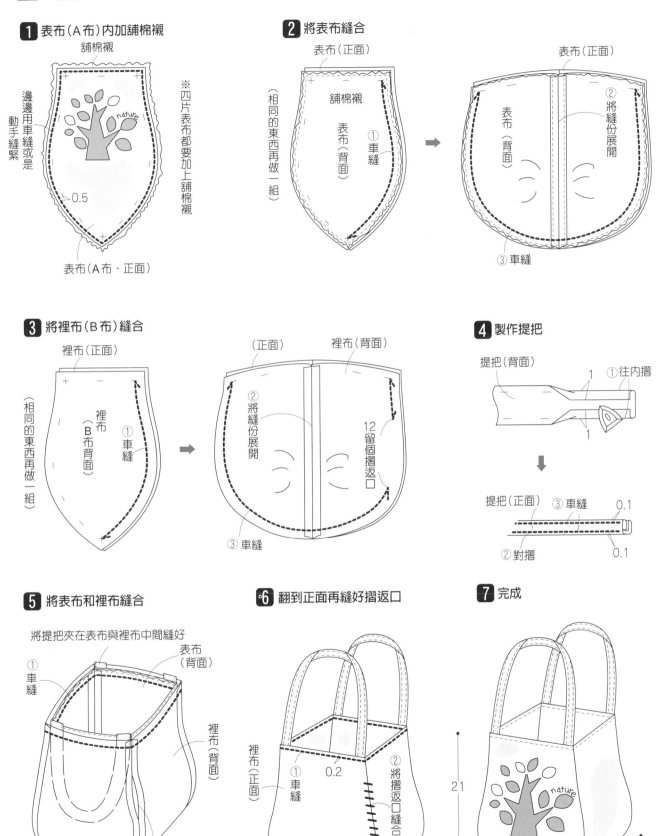

1 表布（A布）內加鋪棉襯

鋪棉襯

※四片表布都要加上鋪棉襯

邊邊用車縫或是動手縫緊

0.5

表布（A布、正面）

2 將表布縫合

表布（正面）

（相同的東西再做一組）

鋪棉襯

表布（背面）

① 車縫

③ 車縫

表布（正面）

② 將縫份展開

表布（背面）

3 將裡布（B布）縫合

裡布（正面）

（相同的東西再做一組）

裡布（B布背面）

① 車縫

（正面）

裡布（背面）

② 將縫份展開

12 留個摺返口

③ 車縫

4 製作提把

提把（背面）

① 往內摺

1

1

提把（正面）

② 對摺

③ 車縫

0.1

0.1

5 將表布和裡布縫合

將提把夾在表布與裡布中間縫好

① 車縫

表布（背面）

裡布（背面）

② 從摺返口翻到正面

6 翻到正面再縫好摺返口

裡布（正面）

① 車縫

0.2

② 將摺返口縫合

7 完成

21

18

18

實物大小的拼縫圖案在86頁

■材料
A布（棉、花紋）長105cm寬45cm
B布（棉、素色）長70cm寬30cm
接著襯　長70cm寬40cm
不織布（淺紫色）15cm × 15cm
　　　（土耳其藍色、藍紫色、草綠色）
　　　各10cm × 10cm
　　　（黃色）一小塊

緞帶（土耳其藍色）長0.6cm寬85cm
並太毛線（灰藍色）
25號刺繡線（土耳其藍色、草綠色、黃色）

表布的製圖

4　11　中央標記　4

33

表布、裡布

1　7　1　1　7　1
7　7　1　3
7　5　5
30

花紋布和素面布之表布接合位置

表布上　19

表布下　14

A布的剪裁方式

正面
反摺處
中央標記
裡布
45

表布上

表布上

105cm長

接著襯的剪裁方式

反摺處　正面
表布上
40
表布下
70cm長

B布的剪裁方式

5　提把
5　正面
反摺處　25
表布下　30
70cm長

拼縫圖案的位置

H　D
C
1　A
緞帶　B
E　G
F
1.5
5.5

＊開始縫合之前＊
先做好拼縫圖案的部分再將拼縫圖案縫到表布上。

～拼縫圖案的順序～
1 A放在B上
2 將C、D疊在一起再和B一起縫到H上
3 將EFG縫到H上

★剪裁時，粗線是完成線，延伸到細線的部分為縫份，縫份是1cm。

5 的做法

1 上方的表布（A布）和下方的表布（B布）縫在一起，並打個小摺。

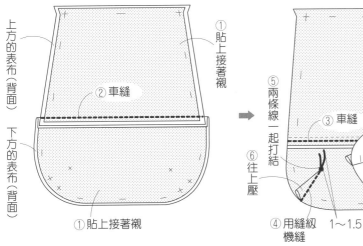

上方的表布（背面）
下方的表布（背面）
②車縫
①貼上接著襯
①貼上接著襯

⑤兩條線一起打結
③車縫
⑥往上壓
④用縫紉機縫
上方的表布（正面）
1～1.5

2 縫上拼縫圖案

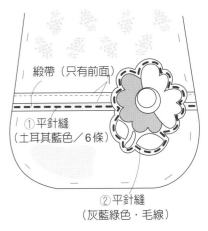

緞帶（只有前面）
①平針縫（土耳其藍色／6條）
②平針縫（灰藍綠色・毛線）

3 將表布縫合

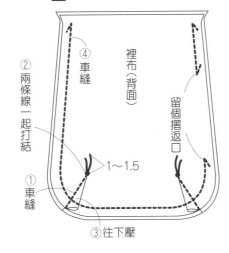

車縫
（正面）
上方的表布（背面）
下方的表布（背面）

4 將裡布（B布）縫合

②兩條線一起打結
④車縫
裡布（背面）
留個摺返口
①車縫
③往下壓
1～1.5

5 製作提把

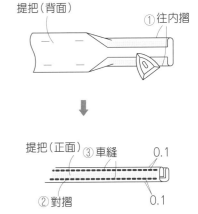

提把（背面）
①往內摺

提把（正面）
③車縫　0.1
②對摺　0.1

6 將表布和裡布縫合

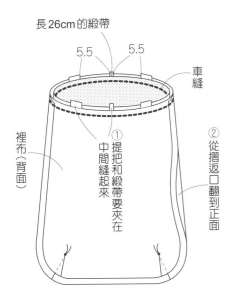

長26cm的緞帶
5.5　5.5
車縫
裡布（背面）
①提把和緞帶要夾在中間縫起來
②從摺返口翻到正面

7 翻到正面再縫好摺返口

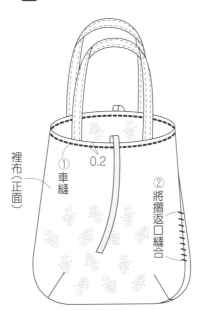

裡布（正面）
①車縫　0.2
②將摺返口縫合

8 完成

33
30

6·7實物大小的拼縫圖案在80、81頁
7表布的製圖在38頁

■材料（6·7）
A布（棉、素面）長95cm寬75cm
B布（棉、花紋）長85cm寬35cm
接著襯　長70cm寬55cm
舖棉襯　長70cm寬10cm
不織布（深咖啡色）長20cm×20cm
　　　　（磚紅色）長15cm寬15cm
　　　　（黃色）長10cm寬10cm
　　　　（奶油色）長10cm寬5cm
　　　　（深草綠色、土耳其藍色）各5cm×5cm
圓形磁扣　1組
並太毛線（咖啡色）
25號刺繡線（深咖啡色、黃色、奶油色、土耳其藍色、深草綠色）

6的製圖

6正面花紋布的位置

正面花紋布
（只有正面）

7正面花紋布的位置

5　5

正面花紋布
（只有正面）

B布、舖棉襯的剪裁方式

70cm長（舖棉襯）

反摺處
34
7提把背面
6
正面
5　5
7花紋布
35（舖棉襯）
10（只有舖棉襯）
35（B布）
6裡布
6花紋布
一片
35

85cm長（B布）

A布的剪裁方式

反摺處
中央記號
正面
7表布
6表布
7裡布
6表布
7提把
6提把
75
68
32
95cm長
6　6

接著襯的剪裁方式

4　4
力布（只有7）
6表布
正面
反摺處
中央記號
7表布
55
70cm長

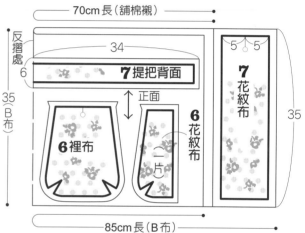

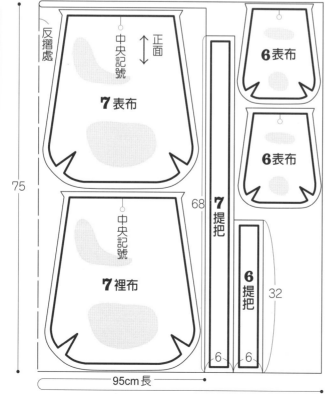

★力布：墊在磁扣放置處做為補強之用。

＊開始縫合之前＊
先做好拼縫圖案的部分再將拼縫圖案縫
到表布（A布）上。

6 的做法（詳情請參考P39）

1. 將表布（A布）和花紋布（B布）疊在一起
2. 打摺
3. 縫上拼縫圖案
4. 將表布縫合
5. 將裡布（B布）縫合
6. 做好提把
7. 將提把夾在表布和裡布之間再縫合。

1 將表布（A布）和花紋布（B布）疊在一起

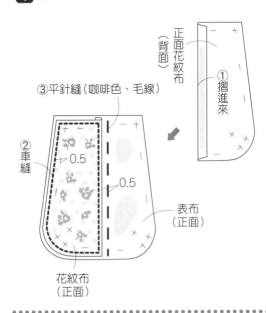

③平針縫（咖啡色、毛線）
①摺進來
正面花紋布（背面）
②車縫
0.5
0.5
表布（正面）
花紋布（正面）

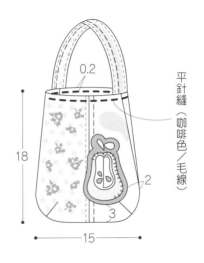

18
0.2
平針縫（咖啡色／毛線）
15
2
3

2 打摺

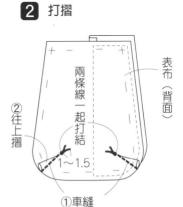

②往上摺
兩條線一起打結
表布（背面）
1～1.5
①車縫

6 製作提把

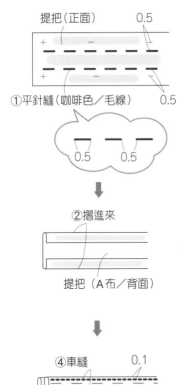

提把（正面）　0.5
①平針縫（咖啡色／毛線）
0.5
0.5　0.5

②摺進來
提把（A布／背面）

④車縫　0.1
③對摺　0.1　提把（正面）

---

7 的做法（詳情請參考P39）

1. 將表布（A布）和花紋布（B布）疊在一起
2. 打摺
3. 縫上拼縫圖案
4. 將表布縫合
5. 將裡布（B布）縫合
6. 做好提把
7. 將提把夾在表布和裡布之間再縫合
8. 翻到正面裝上圓形磁扣
（請參照33、48頁）
9. 縫合摺返口

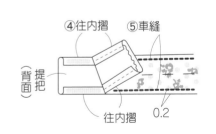

④往內摺　⑤車縫
提把（背面）
往內摺
0.2

6 製作提把

①平針縫（咖啡色／毛線）
提把（A布正面）

②平針縫（深咖啡色／6條）
提把（B布正面）

③車縫　0.5
鋪棉襯
提把（B布背面）

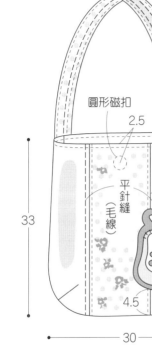

圓形磁扣
2.5
0.5
平針縫（毛線）
33
4
4.5
30

第8頁8・第9頁9

8實物大小的拼縫圖案在82頁
9實物大小的拼縫圖案在82・86頁
實物大小的紙型在96頁

■8的材料
A布（斜紋棉布、素色）長100cm寬40cm
B布（棉布、白點圖案）長100cm寬40cm
厚接著襯　長50cm寬80cm
不織布（深咖啡色）長20cm×20cm
　　　　（暗紅色）長15cm寬15cm
　　　　（米黃色）長10cm寬10cm
　　　　（磚紅色）長5cm×5cm
毛線（咖啡色）
25號刺繡線（深咖啡色、磚紅色、米黃色）

■9的材料
A布（斜紋棉布、素色）長100cm寬40cm
B布（毛料、格狀圖案）長100cm寬40cm
厚接著襯長50cm寬80cm
不織布（粉藍綠色）長20cm×20cm
　　　　（灰藍色）長15cm寬15cm
　　　　（米黃色）長10cm寬10cm
　　　　（藍紫色、草綠色）長5cm×5cm
並太毛線（暗藍色、深綠色、紫色）
25號刺繡線（粉藍綠色、草綠色、米黃色）

＊開始縫合之前＊
剪裁好的表布（A布）上貼上襯布，之後再加上拼縫圖案、刺繡後再縫合。

A、B的剪裁方式

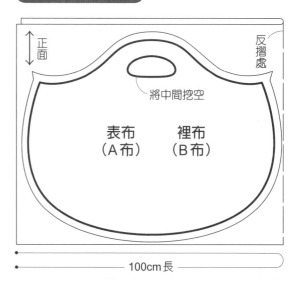

正面

反摺處

將中間挖空

表布
（A布）　　裡布
（B布）

40

100cm長

接著襯的剪裁方式

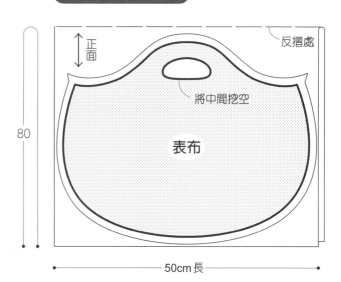

正面

反摺處

將中間挖空

表布

80

50cm長

拼縫圖案的位置

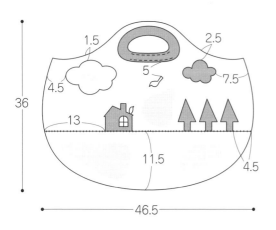

1.5

2.5

5

7.5

4.5

13

11.5

4.5

36

46.5

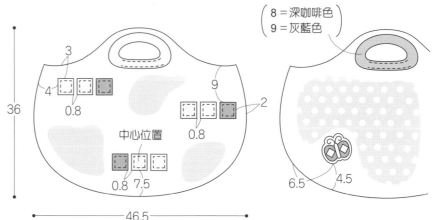

3

4

0.8

9

2

0.8

中心位置

0.8 7.5

36

46.5

$\begin{pmatrix} 8 = 深咖啡色 \\ 9 = 灰藍色 \end{pmatrix}$

6.5

4.5

★剪裁時，粗線是完成線，延伸到細線的部分為縫份，縫份是1cm。

🅭🅰 的做法

1 在表布（A布）貼上接著襯，再縫上拼縫圖案。

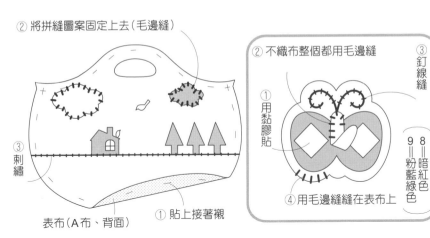

② 將拼縫圖案固定上去（毛邊縫）

③ 刺繡

表布（A布、背面）　① 貼上接著襯

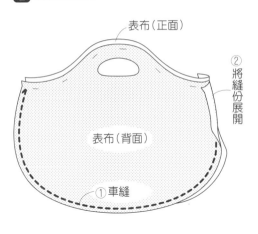

② 不織布整個都用毛邊縫

① 用黏膠貼

③ 釘線縫

9 = 粉藍綠色　8 = 暗紅藍色

④ 用毛邊縫縫在表布上

2 將表布縫合

表布（正面）

② 將縫份展開

表布（背面）

① 車縫

3 將裡布（B布）的周圍縫好

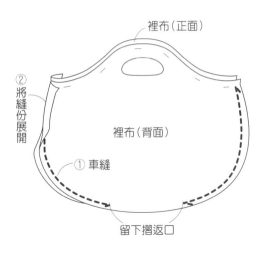

裡布（正面）

② 將縫份展開

裡布（背面）

① 車縫

留下摺返口

4 將表布和裡布縫合

剪出牙口　　剪出牙口

表布（正面）

車縫

裡布（背面）

5 翻到正面再縫合摺返口

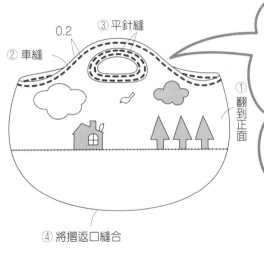

② 車縫　0.2　③ 平針縫

① 翻到正面

④ 將摺返口縫合

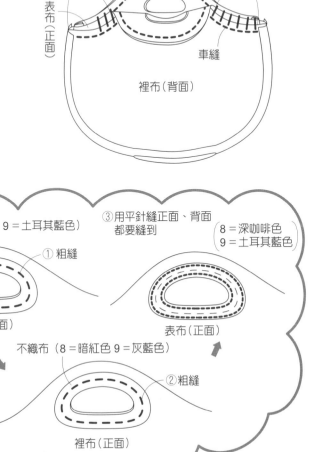

不織布（8 = 深咖啡色　9 = 土耳其藍色）

① 粗縫

表布（正面）

對齊　織布布邊要　表布邊和不

③ 用平針縫正面、背面都要縫到

8 = 深咖啡色
9 = 土耳其藍色

表布（正面）

不織布（8 = 暗紅色 9 = 灰藍色）

② 粗縫

裡布（正面）

實物大小的拼縫圖案在83、84頁
表布的製圖和46頁的12相同

■材料
A布（棉布、素色）長90cm寬35cm
B布（棉布、條紋）長35cm寬45cm
C布（棉布、小圓點）長90cm寬35cm
接著襯　長90cm寬35cm
不織布（深橘色）長15cm寬10cm
　　　　（黃綠色、咖啡色、藍紫色）各10cm×10cm
　　　　（淺藍色、深綠色、草綠色）各10cm×5cm
　　　　（淺咖啡色）長5cm×寬5cm
拼縫花樣布（棉質小圓點）長15cm寬15cm
斜紋布（咖啡色）長2cm寬90cm
並太毛線（深綠色、橘色、灰色）
25號刺繡線（黃綠色、草綠色、藍紫色、淺藍色、咖啡
　　　　　色、米黃色、深橘色、深綠色）
暗扣　一組

同布料接合的位置

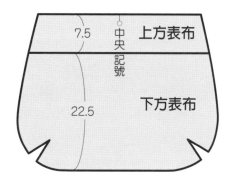

7.5　中央記號　上方表布

22.5　下方表布

拼縫圖案位置

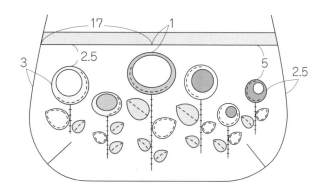

17　　1
3　2.5　　5　2.5

＊開始縫合之前＊
剪裁好的表布（A布）貼上接著
襯後，再縫上拼縫圖案、刺繡
後再縫起來。

A布的剪裁方式

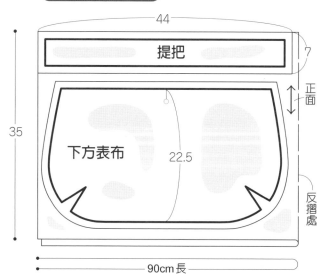

44
提把　7
正面
35
下方表布　22.5
反摺處
90cm長

B布的剪裁方式

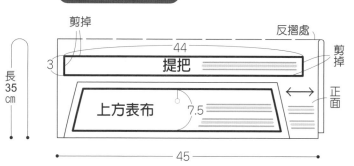

剪掉　　　　　　　　　反摺處
44　　　　　　　　剪掉
3　提把
長35cm　　正面
上方表布　7.5
45

C布和接著襯的剪裁方式

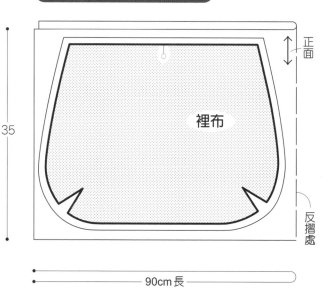

正面
35　裡布
反摺處
90cm長

★剪裁時，粗線是完成線，延伸到細線的部分為縫份，縫份是1cm。

10 的做法（詳情請參考47頁）

1. 將下方表布（A布）和上方表布（B布）縫合在一起
2. 打摺，縫上拼縫圖案
3. 將表布縫合
4. 與裡布（C布）一起縫合
5. 製作提把
6. 製作扣帶
7. 將提把和扣帶夾在表布和裡布之間再縫合。
8. 翻到正面再用藏針縫將摺返口縫合

1 將下方表布（A布）和上方表布（B布）縫合

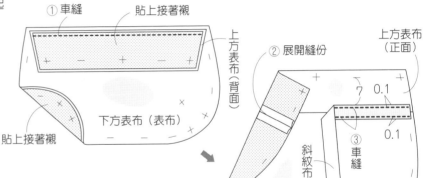

① 車縫　貼上接著襯
上方表布（背面）
② 展開縫份
上方表布（正面）
7　0.1
③ 車縫　0.1
斜紋布
下方表布（表布）
貼上接著襯
下方表布（正面）

5 製作提把

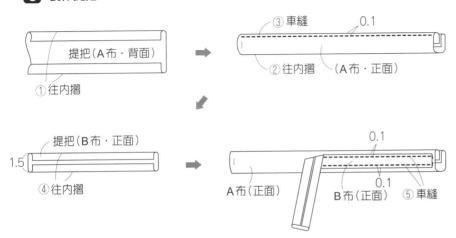

提把（A布·背面）
① 往內摺
③ 車縫　0.1
② 往內摺　（A布·正面）

提把（B布·正面）
1.5
④ 往內摺
0.1
0.1
A布（正面）
B布（正面）　⑤ 車縫

6 製作扣帶

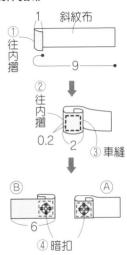

1　斜紋布
① 往內摺
9
② 往內摺
0.2　2　③ 車縫
Ⓑ　Ⓐ
6
④ 暗扣

7 將提把和扣帶夾在表布和裡布之間再縫好。

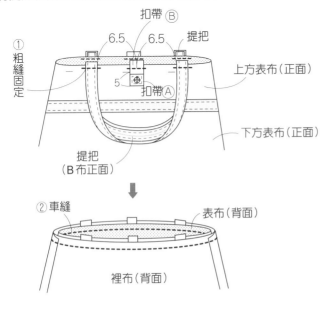

扣帶 Ⓑ
6.5　6.5　提把
① 粗縫固定
5　扣帶Ⓐ
上方表布（正面）
下方表布（正面）
提把（B布正面）
② 車縫　表布（背面）
裡布（背面）

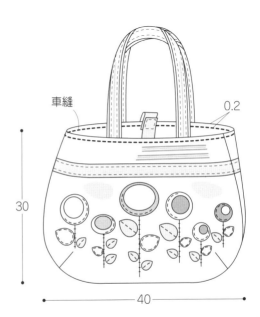

車縫　0.2
30
40

實物大小的拼縫圖案在83・84頁

■材料（11・12）
A布（棉布、素色）長110cm寬100cm
B布（棉布、花紋）長40cm寬45cm
C布（棉布、素色）長55cm寬20cm
接著襯　一小塊
舖棉襯　長90cm寬65cm
不織布（深咖啡色）長15cm寬15cm
　　　　（土耳其藍色）長15cm寬10cm
　　　　（橘黃色）長10cm寬10cm
　　　　（奶油色、磚紅色、深綠色）各5cm×5cm
並太毛線（暗藍色、深綠色）
25號刺繡線（深咖啡色、黃色、奶油色、磚紅色、深綠色、
　　　　　　深綠色）
圓形磁扣　一組

表布的製圖

（ 11 = 上段數字
　12 = 下段數字
只有一個數字時表示尺寸共通。）

表布、裡布

中央記號

B布的剪裁方式

11 表布花紋布

12 表布花紋布
中央記號

12 提把

12 提把

11的花紋布位置

花紋布（只有前面）
中央記號

12的花紋布位置

花紋布（只有前面）

A布的剪裁方式

12 提把

11 提把

11 表布
中央記號

12 表布

12 裡布

正面

反摺處

★剪裁時，粗線是完成線，延伸到細線的部分為縫份，縫份是1cm。

舖棉襯的剪裁方式

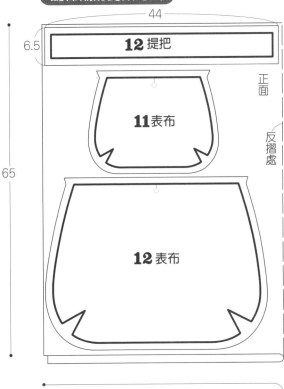

44

6.5

12 提把

正面

反摺處

11 表布

12 表布

65

90cm 長

布的剪裁方式

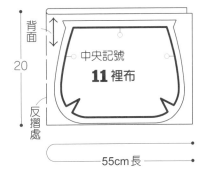

背面

中央記號

11 裡布

20

反摺處

55cm 長

拼縫圖案的位置

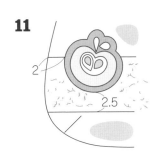

11

2

2.5

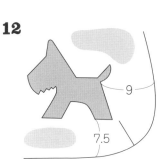

12

6

5

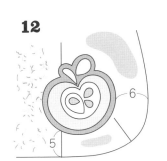

12

9

7.5

＊開始縫合之前＊

12 的做法是在剪裁好的表布（A布）上貼上狗狗的拼縫圖案再縫起來。其他則是先做好拼縫圖案的部分再將拼縫圖案縫到表布上。

---

12 的做法

1 在表布（A布）上縫上花紋布（B布）

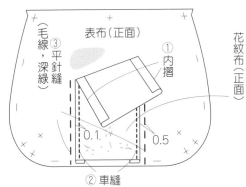

（毛線，深綠）
③平針縫

表布（正面）

①內摺

花紋布（正面）

0.1　0.5

②車縫

3 打摺並縫上拼縫圖案

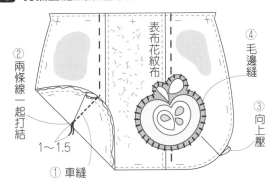

②兩條線一起打結

表布花紋布

④毛邊縫

③向上壓

1～1.5

①車縫

2 將舖棉襯縫上表布

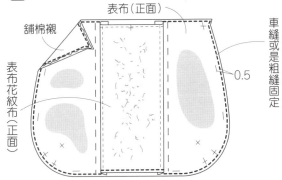

舖棉襯

表布（正面）

車縫或是粗縫固定

表布花紋布（正面）

0.5

在表布後面打摺，並縫上拼縫圖案

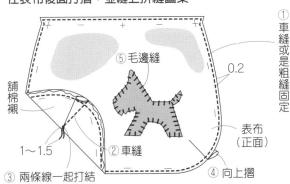

舖棉襯

⑤毛邊縫

①車縫或是粗縫固定

0.2

1～1.5

②車縫

表布（正面）

③兩條線一起打結

④向上摺

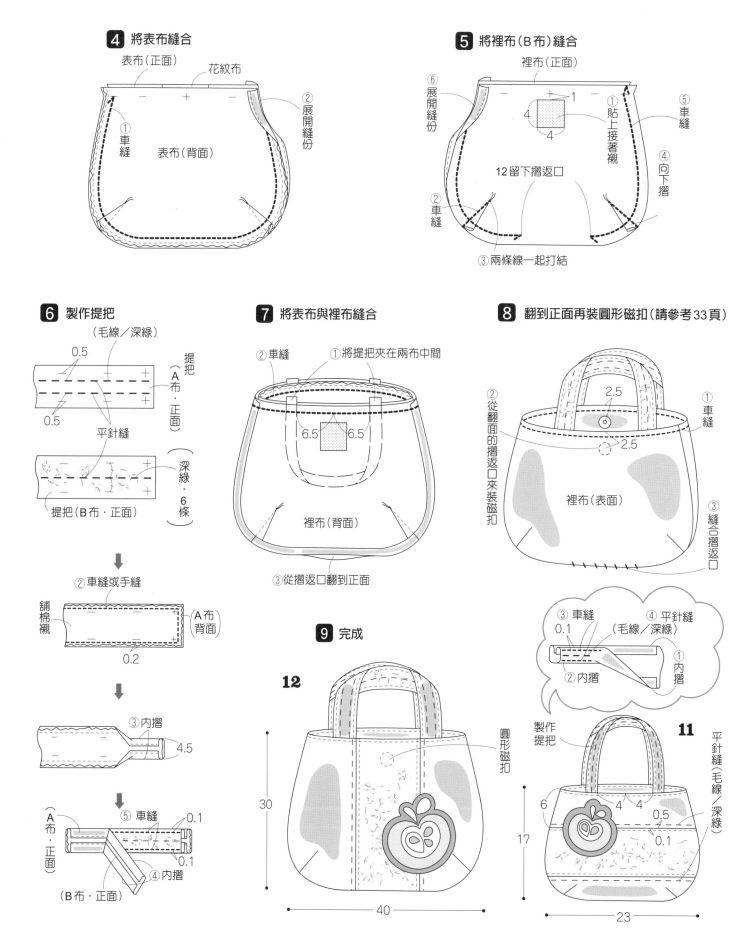

4 將表布縫合

表布（正面）　花紋布

② 展開縫份

① 車縫

表布（背面）

5 將裡布（B布）縫合

裡布（正面）

⑥ 展開縫份

1
4　　4

① 貼上接著襯

⑤ 車縫

④ 向下摺

12留下摺返口

② 車縫

③ 兩條線一起打結

6 製作提把

（毛線／深綠）

提把（A布·正面）

0.5

0.5

平針縫

提把（B布·正面）

（深綠·6條）

② 車縫或手縫

舖棉襯

A布背面

0.2

③ 內摺

4.5

⑤ 車縫　0.1

A布·正面

0.1

④ 內摺

（B布·正面）

7 將表布與裡布縫合

② 車縫

① 將提把夾在兩布中間

6.5　6.5

裡布（背面）

③ 從摺返口翻到正面

8 翻到正面再裝圓形磁扣（請參考33頁）

② 從翻面的摺返口來裝磁扣

2.5

2.5

① 車縫

裡布（表面）

③ 縫合摺返口

③ 車縫　0.1

④ 平針縫（毛線／深綠）

② 內摺

① 內摺

製作提把

11

平針縫（毛線／深綠）

6　　4　4　　0.5

0.1

9 完成

12

圓形磁扣

30

40

17

23

48

13・14實物大小拼縫圖案在81頁
14的表布製圖和46頁的12一樣

■材料
A布（丹寧布、素色）長110cm寬40cm
B布（棉布、花紋）長110cm寬40cm
接著襯　長90cm寬55cm
不織布（白色）長15cm寬15cm
　　　　（深土耳其藍色）各10cm × 10cm
平織布段（暗藍）長3cm寬120cm
斜紋布（暗藍）長2cm寬25cm
拉鍊　20cm　一條
並太毛線（土耳其藍色）
25號刺繡線（黃色、白色）
暗扣　一組
小鍊圈　1條（約10公分）
鍊圈扣　1個

A布、B布的剪裁方式

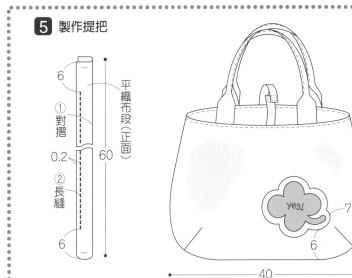

※**13**的做法請參考50頁

舖棉襯的剪裁方式

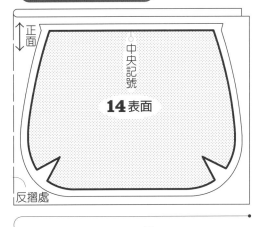

＊開始縫合之前＊
剪裁好的表布（A布）上貼上接著襯，之後再加上拼縫圖案、刺繡後再縫起來。

5 製作提把

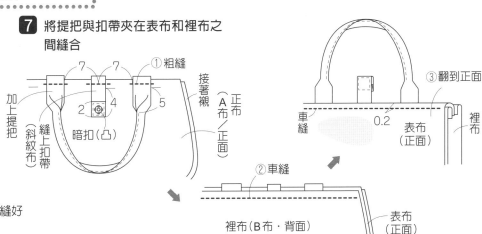

14 的做法
（詳細的做法請參考47頁）

1 在表布（A布）上貼上接著襯後再縫上拼貼圖案

2 打摺

3 將表布縫合

4 將裡布（B布）縫合

5 製作提把

6 製作扣帶（參照45頁）

7 將提把與扣帶夾在表布和裡布之間縫好

7 將提把與扣帶夾在表布和裡布之間縫合

★剪裁時，粗線是完成線，延伸到細線的部分為縫份，縫份是1cm。

49

13 的做法

1 將表布（A布）上縫上扣帶

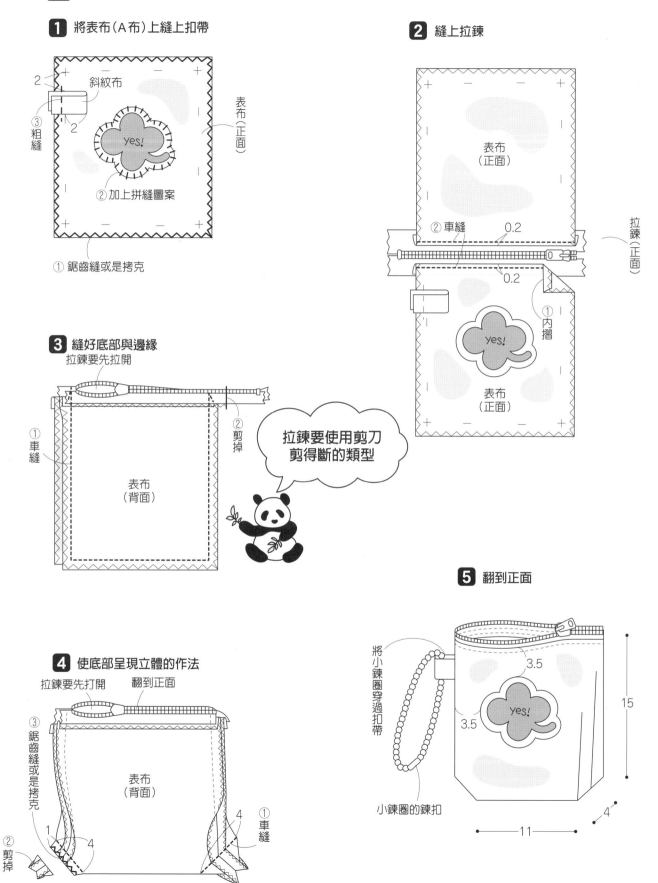

2
斜紋布
③ 粗縫
2
表布（正面）
② 加上拼縫圖案
yes!
① 鋸齒縫或是拷克

2 縫上拉鍊

表布（正面）
② 車縫
0.2
拉鍊（正面）
0.2
① 內摺
yes!
表布（正面）

3 縫好底部與邊緣
拉鍊要先拉開

① 車縫
② 剪掉
表布（背面）

拉鍊要使用剪刀
剪得斷的類型

4 使底部呈現立體的作法
拉鍊要先打開　翻到正面

③ 鋸齒縫或是拷克
② 剪掉
表布（背面）
1
4
4
① 車縫

5 翻到正面

將小鍊圈穿過扣帶
3.5
yes!
3.5
15
小鍊圈的鍊扣
11
4

15・16實物大小的拼縫圖案在85頁
表布的製圖和46頁與12一樣

■材料（15・16）
A布（粗毛呢、方格）長140cm寬40cm
B布（棉蕾絲、花紋）長90cm寬55cm
接著襯　長90cm寬55cm
不織布（深藍色）20cm×20cm一片
　　　　　　　　10cm×10cm一片
　　　　　　（土耳其藍色）20cm×15cm
　　　　　　（粉綠色）15cm×15cm
並太毛線（深綠色）
25號刺繡線（深藍色）
磁扣　2組

A布的剪裁方法

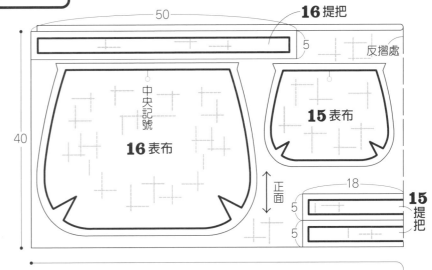

50
16 提把
5
反摺處
中央記號
16 表布
正面
40
15 表布
18
15 提把
5
5
140cm長

布、接著襯的剪裁方法

正面
15 裡布
4 **16** 力布
4
（只有接著襯）
反摺處
55
16 裡布
90cm長

＊開始縫合之前＊
先做好拼縫圖案的部分再將拼縫圖案縫
到表布（A布）上。

15 16 的做法
（詳情請參考47頁）

1 縫上拼貼圖案
2 將須打摺處縫好
3 將表布（A布）縫合
4 將裡布（B布）縫合
5 製作提把
6 將提把夾在表布和裡布之間縫合
7 翻到正面裝上磁扣
　（請參考48頁的33）

11
2.5
6
3.5
圓形磁扣（內側）
17
23

5.5　5.5
2.5
6
圓形磁扣（內側）
30
5.5
40

1 縫上拼貼圖案（作品16）

②三片一起直針縫（深綠／毛線）
①平針縫（深綠／毛線）
④表布用毛邊縫
③用法式拉結縫固定（深綠／毛線）

★剪裁時，粗線是完成線，延伸到細線的部分為縫份，縫份是1cm。

實物大小的拼縫圖案在85頁

■材料（17·18）
A布（斜紋棉布、素色）長100cm寬40cm
B布（花紋）長45cm寬35cm
C布（棉布、小圓點）長70cm寬40cm
接著襯 長70cm寬35cm
不織布（白色、磚紅色）各10cm×10cm
羅緞緞帶（咖啡色）長1.2cm寬160cm
　　　　　（深咖啡色）長1.2cm×寬50cm
拉鍊 20cm 1條
並太毛線（咖啡色）
25號刺繡線（白色、淺藍色）

B布的剪裁方法

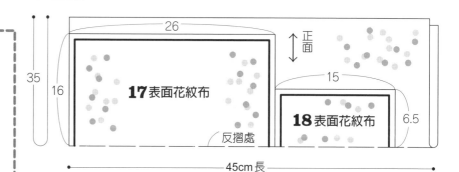

26

正面

35

16

17表面花紋布

15

18表面花紋布

6.5

反摺處

45cm長

＊開始縫合之前＊
剪裁好的表布（A布）上先貼上接著襯後放上拼縫圖案，刺繡後再縫起來。

A布、C布的剪裁方式

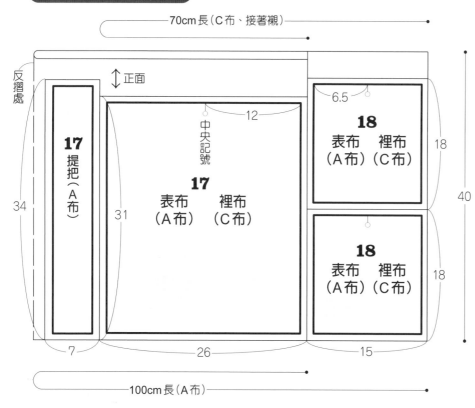

70cm長（C布、接著襯）

反摺處

正面

17
提把
（A布）

中央記號

12

17
表布　裡布
（A布）（C布）

6.5

18
表布　裡布
（A布）（C布）

18

18
表布　裡布
（A布）（C布）

18

40

34

31

7

26

15

100cm長（A布）

★剪裁時，粗線是完成線，延伸到細線的部分為縫份，縫份是1cm。

拼縫圖案的做法

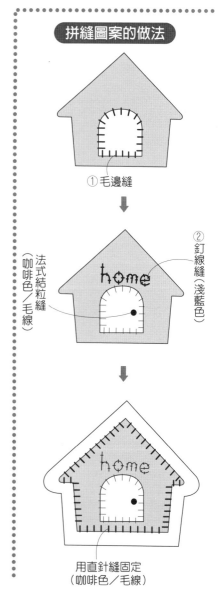

①毛邊縫

②釘線縫（淺藍色）

法式結粒縫（咖啡色／毛線）

用直針縫固定（咖啡色／毛線）

17.的做法

1 將表布（A布）的底布縫起來

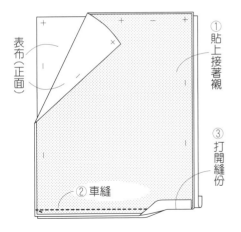

表布（正面）

① 貼上接著襯
③ 打開縫份
② 車縫

2 將花紋布（B布）縫到表布上

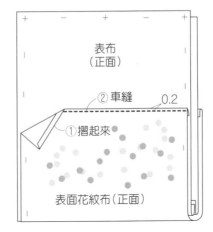

表布（正面）

② 車縫　0.2
① 摺起來
表面花紋布（正面）

3 在表布上縫上拼縫圖案

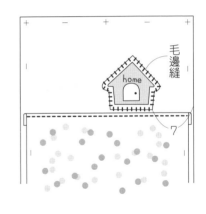

毛邊縫
home
7

4 將羅緞緞帶縫到表布上

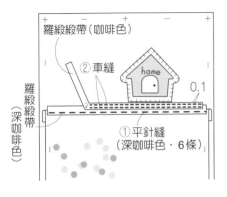

羅緞緞帶（咖啡色）
② 車縫
home
0.1
羅緞緞帶（深咖啡）
① 平針縫（深咖啡色‧6條）

5 將表布的兩邊縫起來

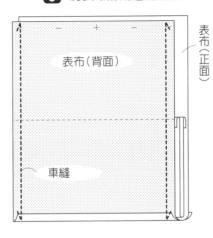

表布（背面）
表布（正面）
車縫

6 將裡布（C布）的兩邊和底邊縫起來

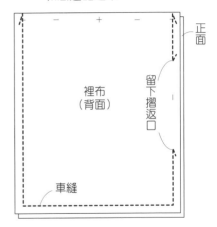

正面
裡布（背面）
留下摺返口
車縫

7 製作提把

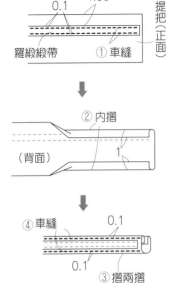

0.1　1.65
提把（正面）
羅緞緞帶　① 車縫

② 內摺
（背面）
1

④ 車縫　0.1
③ 摺兩摺
0.1

8 使底部呈現立體的作法

12
表布（裡布）
車縫
※裡布也用同樣方式

9 將表布和裡布縫起來

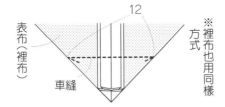

將提把夾在表布和裡布之間
表布（背面）
4.5　4.5
裡布（背面）
摺返口

10 翻到正面，將邊邊縫好

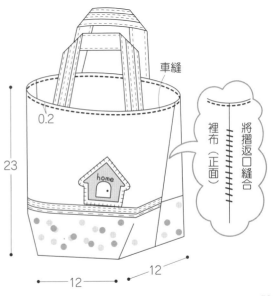

車縫
0.2
home
23
將摺返口縫合
裡布（正面）
12　12

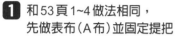
1 和53頁1~4做法相同，
先做表布（A布）並固定提把

用粗縫

⑤ 縫上拼縫圖案

羅緞緞帶（咖啡色）

羅緞緞帶（深咖啡色）

④ 車縫

③ 車縫

home

① 縫起來

② 車縫

表布（A布正面）

表布花紋布（B布正面）

21

3　3

⑥ 粗縫

羅緞緞帶（咖啡色）

2 在表布上縫上拉鍊

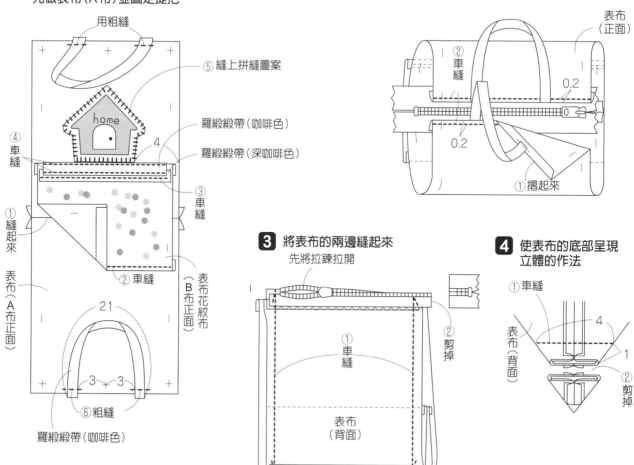

表布（正面）

② 車縫

0.2

0.2

① 摺起來

3 將表布的兩邊縫起來

先將拉鍊拉開

① 車縫

② 剪掉

表布（背面）

4 使表布的底部呈現立體的作法

① 車縫

4

表布（背面）

1

② 剪掉

5 將裡布（C布）的脇邊縫起來

③ 摺起來

② 展開縫份

① 車縫

裡布（背面）

6 使裡布底部呈現立體的作法

4

1

裡布（背面）

剪掉

7 將表布和裡布縫起來

縫起來

home

14

9

4

19·20實物大小的拼縫圖案在86頁

■材料（19·20）
A布（斜紋棉布、素色）長70cm寬40cm
B布（棉、圓點）長35cm寬40cm
C布（圓點）長70cm寬40cm
厚接著襯　長70cm寬40cm
不織布（白色、深黃綠色）各10cm×10cm
拉鍊　20cm一條
並太毛線（深綠色）
25號刺繡線（白色、亮黃色）

＊開始縫之前＊
將剪裁後的表布（A布）貼上接
著襯，再擺上拼縫圖案後縫
合。

A布、C布、接著襯的剪裁方式

70cm長（C布、接著襯）

反摺處　↑正面

6.5

20裡布
（C布）

18

12　中央記號

19
表布　裡布
（A布）（C布）

31

18

40

20裡布
（C布）

18

34

19提把（A布）

7　26　15

70cm長（A布）

B布的剪裁方法

反摺處　↑正面

6.5

20 表布

18

19
表布花紋布

19
表布花紋布

40

31

20 表布

18

8　8　15

35cm長

20 的做法（詳情請參考54頁）

1　將剪裁好的表布（A布）上先貼上接著襯後再縫上拼縫圖案
2　在表布上縫上拉鍊
3　縫好脇邊
4　縫好裡布（C布）
5　將表布和裡布縫合

拉鍊要用剪刀剪得斷的類型！

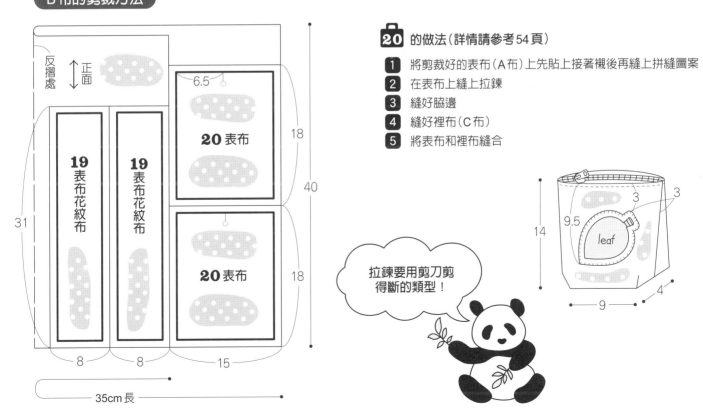

3　3
9.5　leaf
14
9　4

★剪裁時，粗線是完成線，延伸到細線的部分為縫份，縫份是1cm。

19 的做法

1 在剪裁好的表布（A布）上貼接著襯

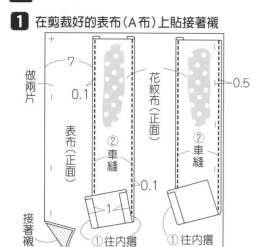

做兩片
7
0.1
0.5
花紋布（正面）
表布（正面）
② 車縫
② 車縫
0.1
接著襯
1
① 往內摺
① 往內摺

2 縫上拼縫圖案

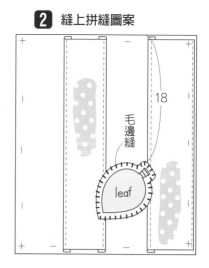

18
毛邊縫
leaf

3 縫合表布的脇邊與底部

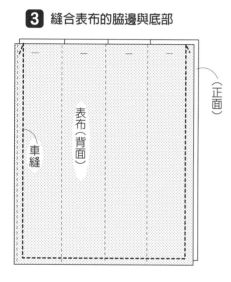

表布（背面）
車縫
（正面）

4 縫合裡布（C布）的脇邊和底部

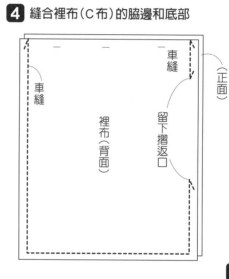

車縫
車縫
裡布（背面）
留下摺返口
（正面）

5 使底部呈現立體的作法

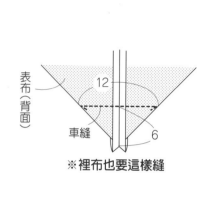

表布（背面）
12
車縫
6

※裡布也要這樣縫

6 製作提把

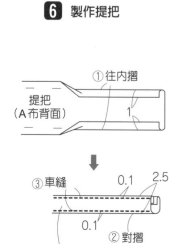

提把（A布背面）
① 往內摺
1
③ 車縫
0.1
2.5
② 對摺
0.1
提把（正面）

7 將表布與裡布縫合

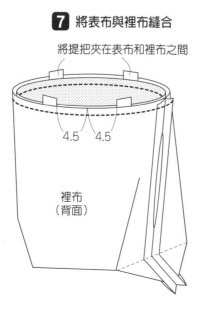

將提把夾在表布和裡布之間
4.5
4.5
裡布（背面）

8 翻到正面縫合

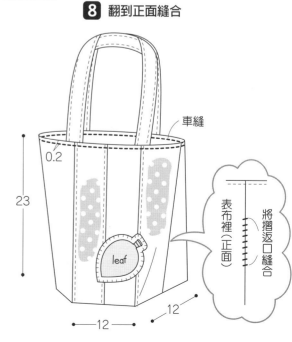

車縫
0.2
23
leaf
12
12
表布裡（正面）
將摺返口縫合

56

實物大小的拼縫圖案在86頁
表布製圖和58頁的22一樣

■材料
A布（棉布、花紋）長85cm寬50cm
B布（棉布、素色）長100cm寬20cm
接著襯　長85cm寬25cm
不織布（灰色）長15cm寬10cm
　　　　（紫色、淺紫色）各10cm × 10cm
　　　　（草綠色、淺綠色、黃色）各5cm × 5ccm
絲絨緞帶（紫）長95cm寬0.8cm
並太毛線（紫色）
25號刺繡線（草綠色、淺綠色、黃色）

A布・接著襯的剪裁方式

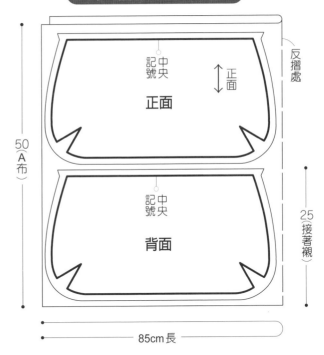

50（A布）

正面

記中
號央

中央記號

正面

反摺處

背面

記中
號央

中央記號

25（接著襯）

85cm長

B布的剪裁方式

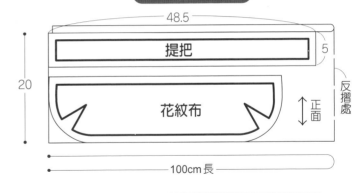

48.5

提把

5

20

花紋布

反摺處

正面

100cm長

花紋布位置

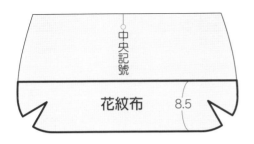

中央記號

花紋布　8.5

1 在表布（A布）上貼上接著襯，將
表布和花紋布一起打摺縫合。

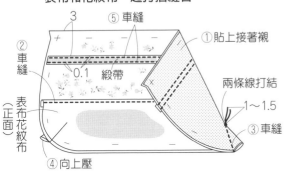

3

⑤車縫

②車縫

① 貼上接著襯

0.1　緞帶

兩條線打結

1～1.5

③車縫

表布花紋布（正面）

④向上壓

＊開始縫合之前＊
將剪裁好的表布（A布）上貼上
接著襯，縫上拼縫圖案，然後
再縫合。

21 的做法
（詳情請參考P59）

1 在表布（A布）上貼上接著襯，將表
布和花紋布一起打摺縫合

2 將拼縫圖案縫到表布上

3 將表布縫合

4 將裡布（A布）縫合

5 製作提把

6 將表布和裡布縫合

25
3.5
緞帶

20

8.5

38

3

6 將表布和裡布縫好

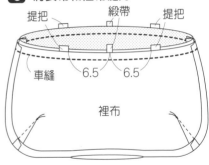

提把　緞帶　提把

車縫　6.5　6.5

裡布

★剪裁時，粗線是完成線，延伸到細線的部分為縫份，縫份是1cm。

實物大小的拼縫圖案在87頁
23的製作方法和60頁一樣

■材料
A布（粗花毛呢、混白色纖維）長105cm寬25cm
B布（棉布、素色）長100cm寬35cm
接著襯　長85cm寬35cm
舖棉襯　長90cm寬5cm
不織布（磚紅色、芥末黃色）各15cm×15cm
圓形磁扣　一組
四角鉤　內徑1.5cm一個
鋅鉤　一個
暗扣（小）一組
並太毛線（土黃色）
25號刺繡線（亮黃色）

A布的剪裁方式

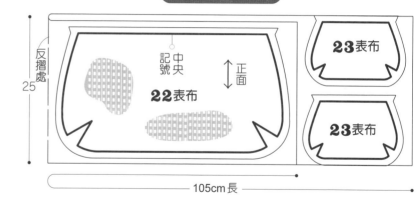

反摺處
25
記號中央
↑正面
22表布
23表布
23表布
105cm長

表布的製作圖說

22＝上段
23＝下段
如果只有一個數字則為共用

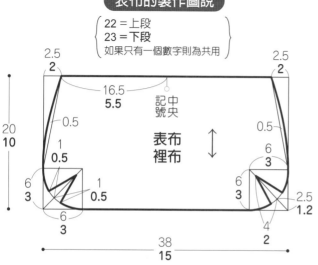

2.5
2
16.5
5.5
記號中央
2.5
2
0.5
20
10
0.5
表布
裡布
↕
0.5
1
6
3
6
3
1
0.5
6
3
6
3
2.5
1.2
4
2
38
15

接著襯的剪裁方式

反摺處
35
23表布
4
4
22力布
記號中央
↑正面
22表布
85cm長

B布的剪裁方式

40
23扣帶A
23提把
17
7
22提把
4
4
5
5.5
23扣帶B
反摺處
35
記號中央
↑正面
22裡布
23裡布
23裡布
105cm長

舖綿襯的剪裁方式

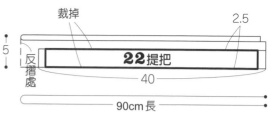

裁掉
2.5
5
反摺處
22提把
40
90cm長

＊開始縫合之前＊
將剪裁好的表布（A布）上貼上
接著襯，縫上拼縫圖案後再縫
起來。

★剪裁時，粗線是完成線，延伸到細線的部分為縫份，縫份是1cm。

22 的做法

1 在表布（A布）上加上拼縫圖案

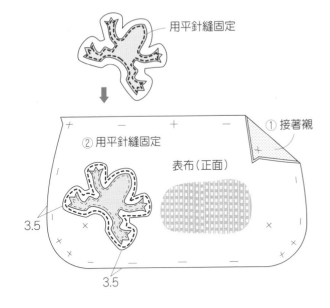

用平針縫固定

② 用平針縫固定

① 接著襯

表布（正面）

3.5

3.5

2 將表布縫合

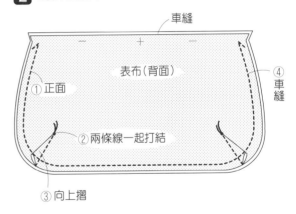

車縫

表布（背面）

① 正面

④ 車縫

② 兩條線一起打結

③ 向上摺

4 製作提把

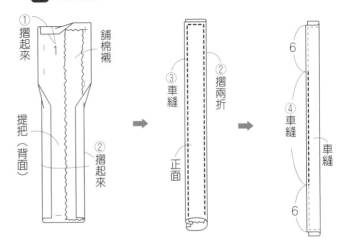

① 摺起來

鋪棉襯

提把（背面）

② 摺起來

③ 車縫

② 摺兩折

正面

④ 車縫

車縫

6

④ 車縫

車縫

6

3 將裡布（B布）縫起來

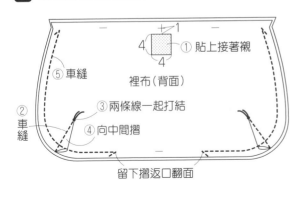

1

4

4

① 貼上接著襯

裡布（背面）

⑤ 車縫

③ 兩條線一起打結

② 車縫

④ 向中間摺

留下摺返口翻面

6 翻到正面把周圍縫合

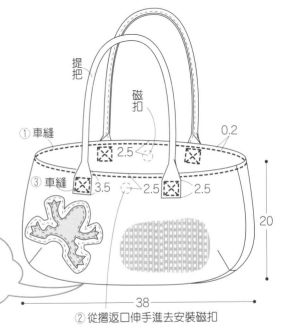

提把

磁扣

0.2

① 車縫

③ 車縫

2.5

3.5

2.5

2.5

20

38

② 從摺返口伸手進去安裝磁扣

5 將表布和裡布縫合

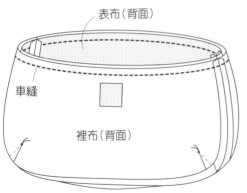

表布（背面）

車縫

裡布（背面）

④ 將摺返口縫合

裡布（正面）

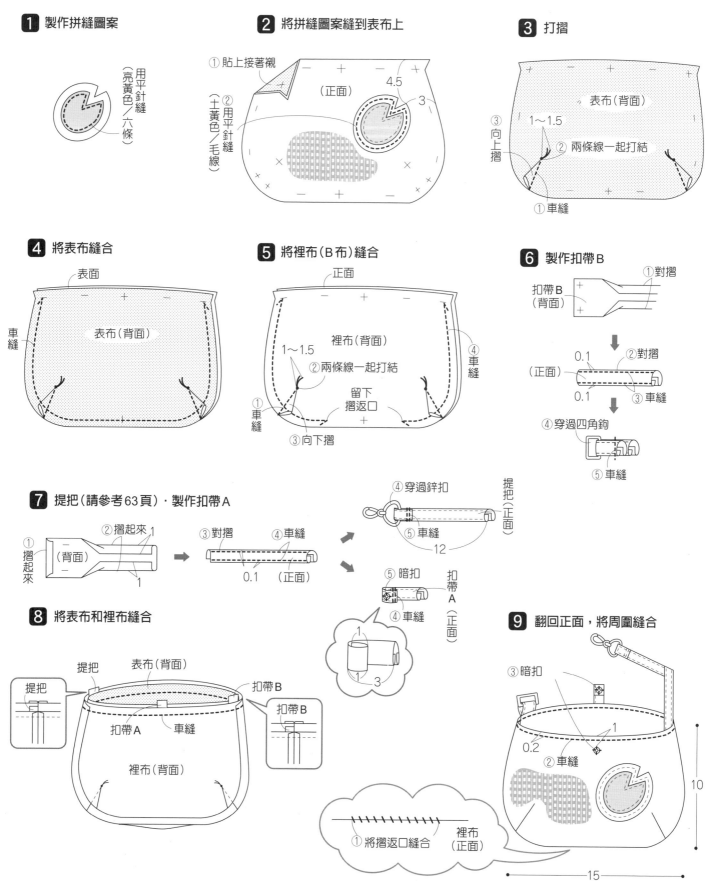

23 的做法

1 製作拼縫圖案

用平針縫
（亮黃色／六條）

2 將拼縫圖案縫到表布上

① 貼上接著襯
② 用平針縫
（土黃色／毛線）
（正面）
4.5
3

3 打摺

表布（背面）
③ 向上摺
1～1.5
② 兩條線一起打結
① 車縫

4 將表布縫合

表面
表布（背面）
車縫

5 將裡布（B布）縫合

正面
裡布（背面）
1～1.5
② 兩條線一起打結
留下摺返口
① 車縫
③ 向下摺
④ 車縫

6 製作扣帶B

扣帶B（背面）
① 對摺
② 對摺
0.1
（正面）
0.1
③ 車縫
④ 穿過四角鉤
⑤ 車縫

7 提把（請參考63頁）‧製作扣帶A

① 摺起來
② 摺起來 1
（背面）
1
③ 對摺
④ 車縫
0.1
（正面）
④ 穿過鋅扣
⑤ 車縫
12
提把（正面）
⑤ 暗扣
④ 車縫
扣帶A（正面）
1
1
3

8 將表布和裡布縫合

提把
表布（背面）
扣帶B
提把
扣帶A
車縫
扣帶B
裡布（背面）

① 將摺返口縫合
裡布（正面）

9 翻回正面，將周圍縫合

③ 暗扣
0.2
② 車縫
1
10
15

實物大小的拼縫圖案在86頁
表布的製圖和58頁的22相同

■材料
A布（毛布、素色）長85cm寬35cm
B布（棉布、花紋）長85cm寬25cm
接著襯　長85cm寬25cm
不織布（橘色、暗紅色、深咖啡色）各10cm × 10ccm
磁扣　一組
並太毛線（橘色、暗紅色、深咖啡色）

B布的剪裁方式

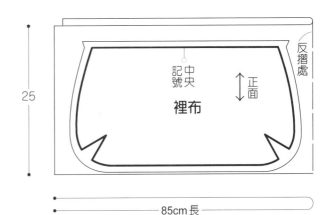

A布、接著襯的剪裁方式

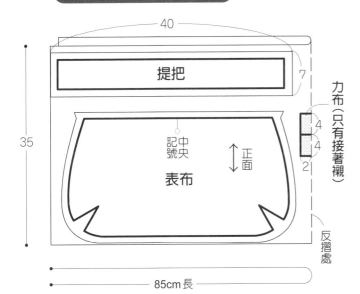

＊開始縫合之前＊
將剪裁好的表布（A布）上貼上
接著襯，縫上拼縫圖案再縫起
來。

6 將提把夾在表布和裡布之間縫合

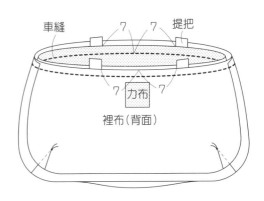

24 的做法（詳情請參考59頁）

1 在表布（A布）上縫上拼縫圖案
2 將表布（A布）貼上接著襯再一起打摺
3 將表布縫合
4 將裡布（B布）縫合
5 製作提把
6 將提把夾在表布和裡布之間縫合
7 裝上磁扣（請參照33頁）

★剪裁時，粗線是完成線，延伸到細線的部分為縫份，縫份是1cm。

實物大小的拼縫圖案在88頁
表布的製圖和58頁的22・23一樣

■材料（25・26）
A布（帆布、素色）長100cm寬45cm
B布（棉布、花紋）長85cm寬35cm
接著襯（不織布）長85cm寬35cm
不織布（綠色、黑色）各10cm×10cm
斜紋布（原色）長55cm寬2cm
暗扣（小）兩組
四角鉤　一個　內部直徑1.5cm
鋅鉤　一個
並太毛線（黑色）
25號刺繡線（綠色、黑色）

B布、接著襯的剪裁方式

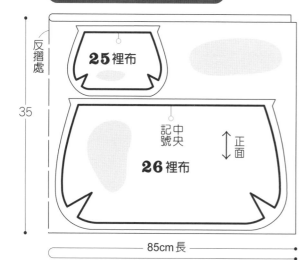

反摺處

25裡布

35

記中號央

26裡布

正面

85cm長

＊開始縫合之前＊
剪裁好的表布（A布）上先貼上
接著襯後加上拼縫圖案、刺繡
後再縫起來。

6 將提把夾在表布和裡布之間再縫合

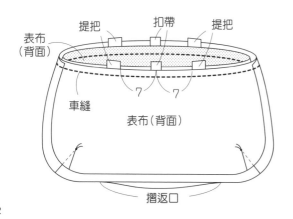

提把　　扣帶　　提把
表布（背面）
表布（背面）
車縫
7　　7
摺返口

A布的剪裁方式

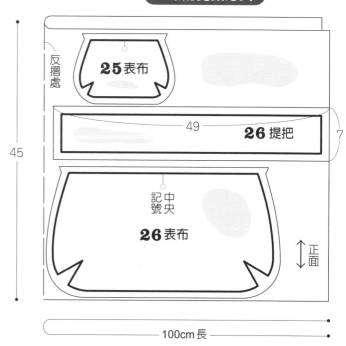

反摺處

25表布

45

49　　**26提把**　　7

記中號央

26表布

正面

100cm長

26 的做法

1 在表布（A布）上貼上接著襯，再將拼縫
圖案縫到表布上
2 將表布縫合
3 將裡布（B布）縫合
4 製作提把
5 製作扣帶（請參考46頁的6）
6 將提把和扣帶夾在表布和裡布中間縫合
7 翻到正面，將周圍縫合

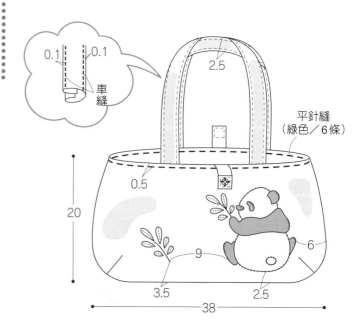

0.1　　0.1　　車縫

2.5

平針縫
（綠色／6條）

0.5

20

0.6

9

3.5　　2.5

38

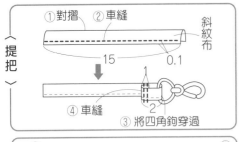

25 的做法
（詳情請參考60頁）

1. 將接著襯貼在表布（A布）上，再將拼縫圖案縫好
2. 將表布縫合
3. 將裡布（B布）縫合
4. 製作提把和袋扣A
5. 製作扣帶B
6. 將表布和裡布縫合
7. 翻到正面,將周圍縫合

4 製作提把·袋扣A

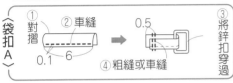

提把
① 對摺　② 車縫
斜紋布
15　0.1
④ 車縫
③ 將四角鉤穿過
2

袋扣A
① 對摺　② 車縫
0.5
6
0.1
④ 粗縫或車縫
③ 將鋅扣穿過

6 將表布和裡布縫合

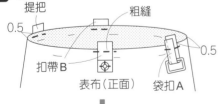

提把
粗縫
0.5
扣帶B
0.5
表布（正面）
袋扣A
表布（背面）
車縫
裡布（背面）

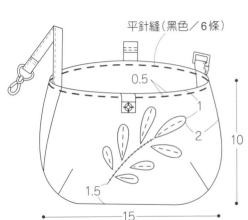

平針縫（黑色／6條）
0.5
1
2
10
1.5
15

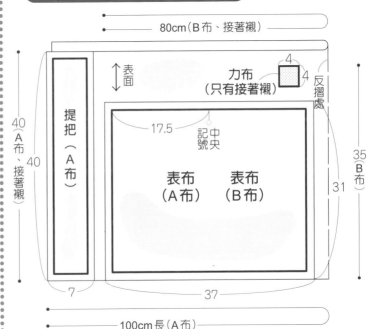

實物大小的拼縫圖案在90頁

■材料
A布（起毛單寧布、素色）長100cm寬40cm
B布（聚酯纖維布、素色）長80cm寬35cm
接著襯　長80cm寬40cm
不織布（深草綠色）各10cm×10cm
磁扣　一組
25號刺繡線（深草綠色）

30 的做法
（詳情請參考64頁）

1. 在表布（A布）上貼上接著襯，再將拼縫圖案縫到表布上
2. 將表布的脇邊與底部縫合
3. 使底部立體的作法
4. 將裡布（B布）縫合
5. 製作提把
6. 將表布和裡布縫合
7. 翻到正面，裝上磁扣
8. 將裡布的摺返口縫合

A布、B布、接著襯的剪裁方法

80cm（B布、接著襯）

↑表面↓

力布（只有接著襯）
4　4
反摺處

提把（A布）

40（A布、接著襯）
40

17.5
記中
號央

表布（A布）　表布（B布）

35（B布）
31

7
37

100cm長（A布）

＊開始縫合之前＊
將接著襯貼在剪裁好的表布（A布）上後縫上拼縫圖案、刺繡後再縫起來。

3 使底部立體的作法

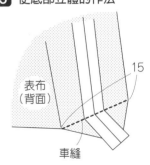

表布（背面）
15
車縫

磁扣
2.5
2.5
6　6
22.5
7
apple
21.5
15
20

★剪裁時，粗線是完成線，延伸到細線的部分為縫份，縫份是1cm。

實物大小的拼縫圖案在87頁

■27的材料
A布（粗花毛呢、橘色）長80cm寬35cm
B布（斜紋布、素色）長100cm寬45cm
接著襯　長80cm寬35cm
不織布（淡橘色）長15cm寬15cm
　　　　（深咖啡色）長10cm寬10cm
磁扣　一組
並太毛線（淡橘色、暗紅色）
25號刺繡線（深咖啡色）

■28的材料
A布（粗毛呢、黑白色）長80cm寬35cm
B布（單寧布、素色）長100cm寬45cm
接著襯　長80cm寬35cm
不織布（淡灰色）長15cm寬15cm
磁扣　一組
並太毛線（黑色）
25號刺繡線（淡灰色）

A布、B布的剪裁方式

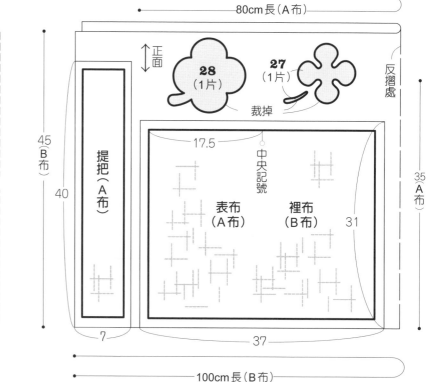

接著襯的剪裁方法

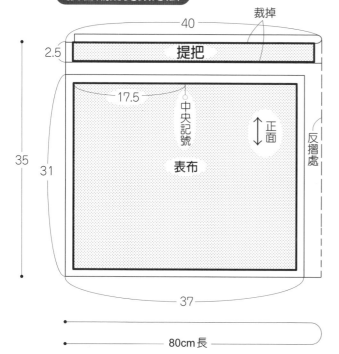

＊開始縫合之前＊
在剪裁好的表布（A布）上貼上
接著襯，之後再縫上拼縫圖案
後再縫起來。

27 28 的做法

1 將拼縫圖案縫到表布（A布）上

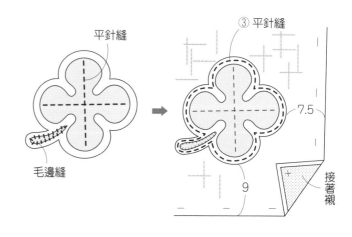

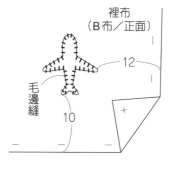

★剪裁時，粗線是完成線，延伸到細線的部分為縫份，縫份是1cm。

27 28 的做法

2 將表布的脇邊和底部縫合

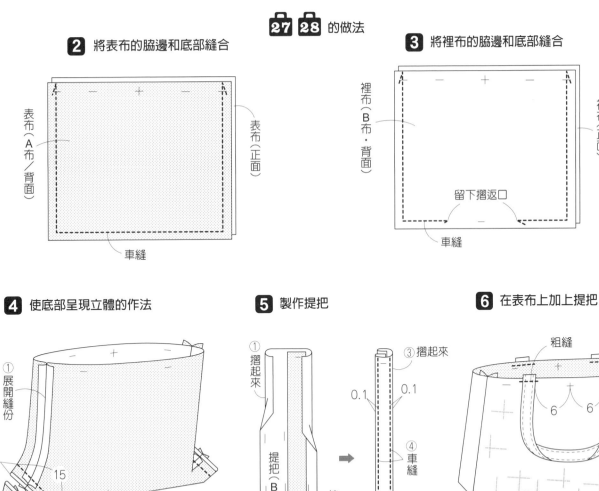

表布（A布／背面）

表布（正面）

車縫

3 將裡布的脇邊和底部縫合

裡布（B布・背面）

裡布（正面）

留下摺返口

車縫

4 使底部呈現立體的作法

① 展開縫份

1

15

② 車縫

表布（背面）

※裡布也是相同作法

5 製作提把

① 摺起來

提把（B布・背面）

接著襯

③ 摺起來

0.1　0.1

④ 車縫

提把（正面）

6 在表布上加上提把

粗縫

6　6

表布（正面）

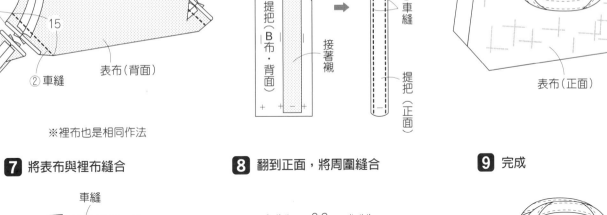

7 將表布與裡布縫合

車縫

裡布（背面）

8 翻到正面，將周圍縫合

0.2　車縫

裡布（正面）

③ 翻成正面縫合

9 完成

21.5

20

15

實物大小的拼縫圖案在89頁

■材料
A布（人字呢、米黃色）長80cm寬40cm
B布（棉布、條紋）長80cm寬45cm
厚接著襯　80cm寬45cm
不織布（淺咖啡色）長20cm寬15cm
　　　　（深咖啡色）長20cm寬20cm
　　　　（綠色）長10cm寬10cm
　　　　（桃紅色）長5cm寬5ccm
羅緞緞帶（深咖啡色）長40cm寬1.5cm
磁扣　一組
提把　一組
並太毛線（淺咖啡色、深綠色、深咖啡色）
25號刺繡線（桃紅色、土耳其藍色）

A布、接著襯的剪裁方式

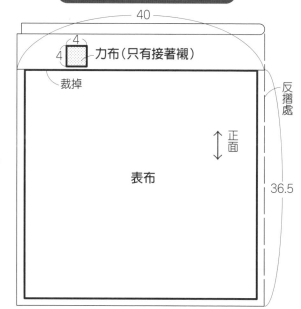

〈提把大小〉

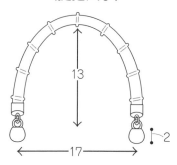

* 開始縫合之前 *
將剪裁好的表布（A布）上貼上
接著襯，縫上拼縫圖案、刺繡
後再縫起來。

B布的剪裁方式

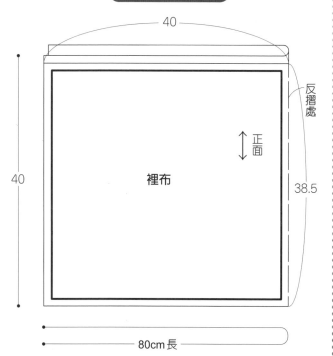

拼縫圖案的做法

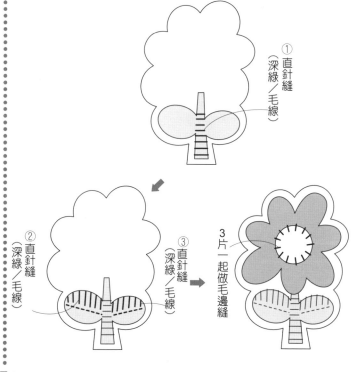

★剪裁時，粗線是完成線，延伸到細線的部分為縫份，縫份是1cm。

29 的做法（詳情請參考65頁）

1 在表布（A布）上縫上拼縫圖案

2 將表布的脇邊和底部縫合

3 將表布的兩個角各縫一條線，使底部呈現立體

4 製作裡布（B布）

5 將表布和裡布縫合

6 翻到正面裝上磁扣（請參照33頁）

7 裝上提把

1 在表布（A布）上縫上拼縫圖案

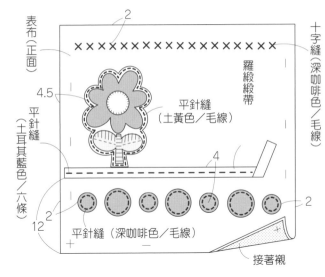

表布（正面）

十字縫（深咖啡色／毛線）

羅緞緞帶

平針縫（土黃色／毛線）

4.5

平針縫（土耳其藍色／六條）

4

12

2

平針縫（深咖啡色／毛線）

接著襯

3 在表布的兩個角各縫一條線

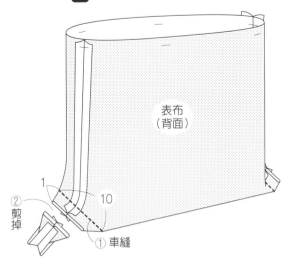

表布（背面）

1

② 剪掉

10

① 車縫

5 將表布和裡布縫合

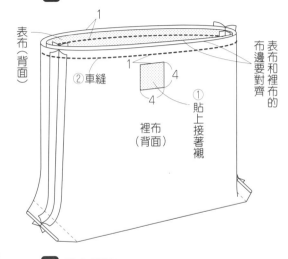

表布（背面）

② 車縫

1

4

4

裡布（背面）

表布和裡布的布邊要對齊

① 貼上接著襯

6 翻到正面，將周圍縫好

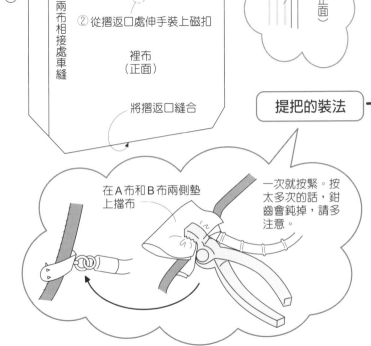

裡布（正面）

① 兩布相接處車縫

3

② 從摺返口處伸手裝上磁扣

裡布（正面）

將摺返口縫合

裡布（正面）

提把的裝法

在A布和B布兩側墊上擋布

一次就按緊。按太多次的話，鉗齒會鈍掉，請多注意。

7 裝上提把

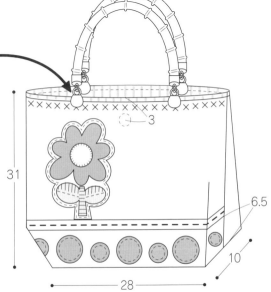

3

31

6.5

28

10

實物大小的拼縫圖案在91頁

■材料
A布（斜紋布、黑色）長110cm寬50cm
B布（棉布、花紋）長55cm寬40cm
C布（棉布、草綠色）長110cm寬55cm
厚接著襯（不織布）長95cm寬60cm
不織布（黑色）長20cm寬20cm
　　　　（草綠色）長20cm寬20cm
平織布段（黑色）長100cm寬3cm
並太毛線（黑色）
25號刺繡線（草綠色、黑色）
磁扣　一組

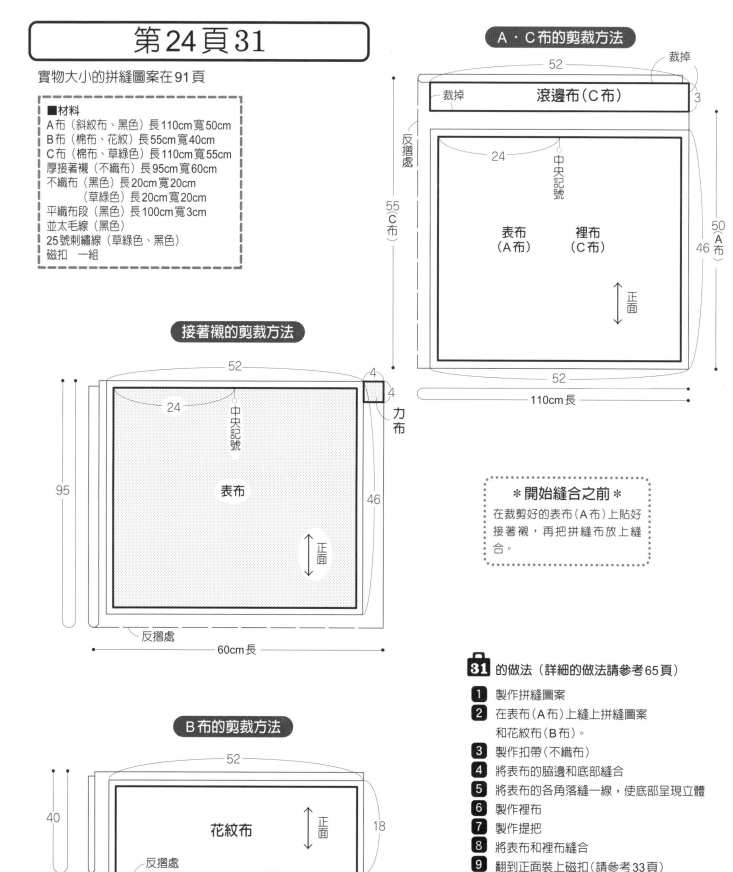

接著襯的剪裁方法

52
24
中央記號
表布
95
46
正面
反摺處
60cm長

B布的剪裁方法

52
40
花紋布
正面
18
反摺處
55cm長

A・C布的剪裁方法

裁掉
52
裁掉
3
滾邊布（C布）
反摺處
24
中央記號
55（C布）
表布（A布）　裡布（C布）
50（A布）
46
正面
52
110cm長

力布
4
4

＊開始縫合之前＊
在裁剪好的表布（A布）上貼好接著襯，再把拼縫布放上縫合。

31 的做法（詳細的做法請參考65頁）

1 製作拼縫圖案
2 在表布（A布）上縫上拼縫圖案和花紋布（B布）。
3 製作扣帶（不織布）
4 將表布的脅邊和底部縫合
5 將表布的各角落縫一線，使底部呈現立體
6 製作裡布
7 製作提把
8 將表布和裡布縫合
9 翻到正面裝上磁扣（請參考33頁）

★剪裁時，粗線是完成線，延伸到細線的部分為縫份，縫份是1cm。

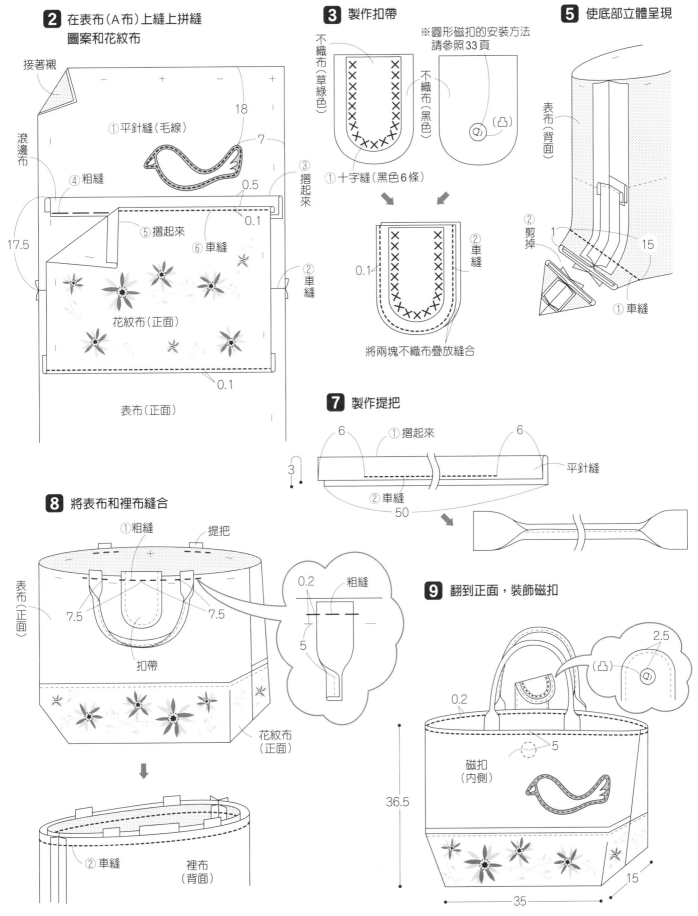

2 在表布（A布）上縫上拼縫
圖案和花紋布

接著襯
滾邊布
①平針縫（毛線）
18
7
④粗縫
0.5
⑤摺起來
0.1
③摺起來
17.5
⑥車縫
②車縫
花紋布（正面）
0.1
表布（正面）

3 製作扣帶

※圓形磁扣的安裝方法
請參照33頁

不織布（草綠色）
不織布（黑色）
（凸）
①十字縫（黑色6條）
②車縫
0.1
將兩塊不織布疊放縫合

5 使底部立體呈現

表布（背面）
②剪掉
1
15
①車縫

7 製作提把

6
①摺起來
6
3
平針縫
②車縫
50

8 將表布和裡布縫合

①粗縫
提把
表布（正面）
7.5
7.5
扣帶
0.2
粗縫
5
花紋布（正面）
②車縫
裡布（背面）

9 翻到正面，裝飾磁扣

2.5
（凸）
0.2
5
磁扣（內側）
36.5
15
35

實物大小的拼縫圖案在90頁

A布的剪裁方式

■材料
A布（棉布、花紋）長110cm寬30cm
B布（棉布、紫色）長110cm寬100cm
厚接著襯　長100cm寬55cm
舖棉襯　長55cm寬15cm
不織布（灰色）長20cm寬20cm
　　　　（桃紅色）長15cm寬15cm
　　　　（粉紅色）長10cm寬10cm
　　　　（草綠色、粉藍綠色）長10cm寬5cm
羅緞緞帶（翡翠綠色）長55cm寬1.5cm
　　　　（粉紅色）長55cm寬1cm
並太毛線（淺咖啡色）
25號刺繡線（桃紅色、粉紅色、草綠色、粉藍綠色、翡翠綠色）

52

反摺處

24

中央記號

正面

表布上方

30

29

110cm長

B布的剪裁方式

剪掉

36

綁帶

3.5

剪掉

52

24

中央記號

50

8

提把

裡布

46

100

18

表布下方

反摺處

52

110cm長

接著襯的剪裁方式

52

表布上方

正面

29

100

表布下方

反摺處

18

55cm長

舖棉襯的剪裁方式

剪掉

50

剪掉

6

提把

15

反摺處

正面

55cm長

＊開始縫合之前＊
先做好拼縫圖案的部分再將拼縫圖
案縫到表布（A布）上。

★剪裁時，粗線是完成線，延伸到細線的部分為縫份，縫份是1cm。

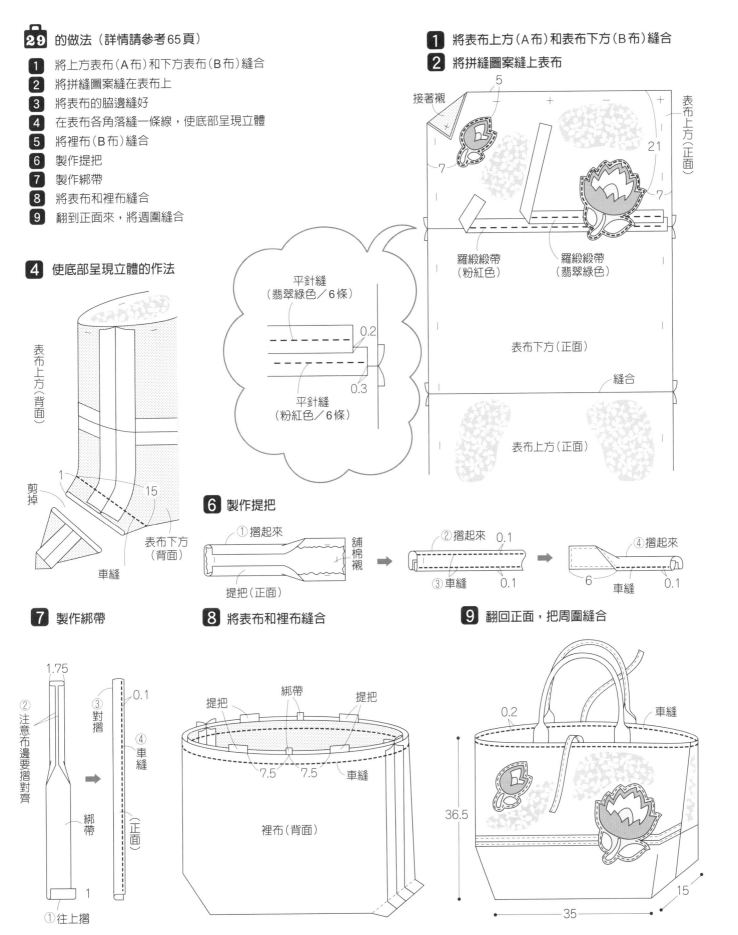

29 的做法（詳情請參考65頁）

1 將上方表布（A布）和下方表布（B布）縫合
2 將拼縫圖案縫在表布上
3 將表布的脇邊縫好
4 在表布各角落縫一條線，使底部呈現立體
5 將裡布（B布）縫合
6 製作提把
7 製作綁帶
8 將表布和裡布縫合
9 翻到正面來，將週圍縫合

4 使底部呈現立體的作法

表布上方（背面）
剪掉
1
15
車縫
表布下方（背面）

平針縫（翡翠綠色／6條）
0.2
0.3
平針縫（粉紅色／6條）

1 將表布上方（A布）和表布下方（B布）縫合
2 將拼縫圖案縫上表布

接著襯
5
7
21
7
表布上方（正面）
羅緞緞帶（粉紅色）
羅緞緞帶（翡翠綠色）
表布下方（正面）
縫合
表布上方（正面）

6 製作提把

① 摺起來
鋪棉襯
提把（正面）

② 摺起來　0.1
③ 車縫　0.1

④ 摺起來
6
車縫　0.1

7 製作綁帶

1.75
② 注意布邊要摺對齊
綁帶
① 往上摺
1

③ 對摺　0.1
④ 車縫
（正面）

8 將表布和裡布縫合

綁帶
提把　提把
7.5　7.5
車縫
裡布（背面）

9 翻回正面，把周圍縫合

0.2
車縫
36.5
15
35

71

B布的剪裁方式（34~37）

34・35的實物大小的拼縫圖案在92頁
36・37的實物大小的拼縫圖案在93頁

■材料（34・35）
A布（棉布、格紋）長100cm寬50cm
B布（棉布、條紋）長80cm寬40cm
接著襯　長60cm寬40cm
不織布（深咖啡色）長10cm寬10cm
斜紋布（咖啡色）長20cm寬2cm
緞面緞帶（暗灰色）長20cm寬0.5cm
25號刺繡線（深咖啡色）

■材料（36・37）
A布（棉布、素面）長100cm寬50cm
B布（棉布、條紋）長80cm寬40cm
C布（棉布、花紋）長15cm寬60cm
接著襯　長60cm寬40cm
不織布（海水藍色）長15cm寬15cm
　　　（橘色）長10cm寬10cm
　　　（草綠色）長10cm寬5cm
　　　（淺藍色）長5cm寬5cm
斜紋布（淺藍色）長80cm寬2cm
緞面緞帶（海水藍色）長20cm寬0.7cm
並太毛線（暗藍色）
25號刺繡線（橘色・草綠色・淺藍色・深咖啡色）

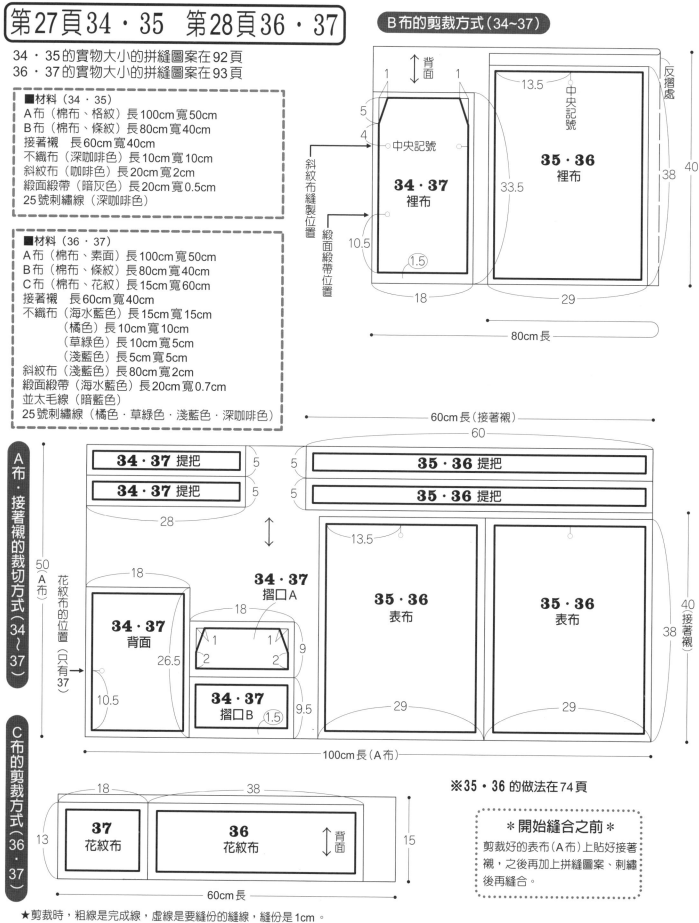

A布・接著襯的裁切方式（34～37）

C布的剪裁方式（36・37）

※35・36的做法在74頁

＊開始縫合之前＊
剪裁好的表布（A布）上貼好接著襯，之後再加上拼縫圖案、刺繡後再縫合。

★剪裁時，粗線是完成線，虛線是要縫份的縫線，縫份是1cm。

34 37 的做法

1 將拼縫圖案縫到表布（A布）上

37   1.5   34

2

8

drop

2

2 製作提把

② 摺起來   0.1   ① 摺起來
② 摺起來
③ 車縫   提把（正面）

3 將表布和摺口A（A布）縫起來

表布（正面）

車縫（只有37）

（只有37）平針縫（暗藍色／毛線）

0.1

花紋布（正面）

0.5

車縫

中間夾縫提把

摺口

10

4 將表布和摺口B（A布）縫合

② 車縫   10   中間夾縫提把

摺口B（背面）

① 車縫

（只有37）平針縫（暗藍色／毛線）

0.5   1

車縫   0.8

斜紋布（只有37）

摺口A（正面）

5 將表布和裡布（B布）縫合

0.8

0.5

1

表布（正面）

10.5

18

裡布（背面）

將緞帶夾縫在背面

將斜紋布夾縫在背面

4   剪掉

車縫

（翻到正面後內側示意圖）

6 翻到正面即完成

37

24

16

34

drop

16

1 將拼縫圖案縫到表布（A布）上

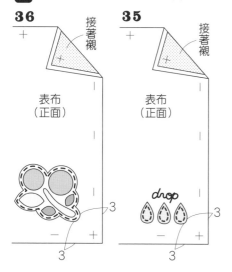

36
接著襯
表布（正面）
3
3

35
接著襯
表布（正面）
drop
3
3

2 將花紋布（C布）拼縫到表布上

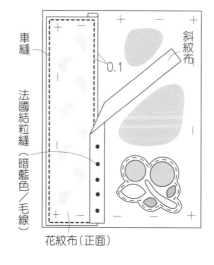

車縫
0.1
斜紋布
法國結粒縫（暗藍色／毛線）
花紋布（正面）

3 將表布的脇邊和底部縫合

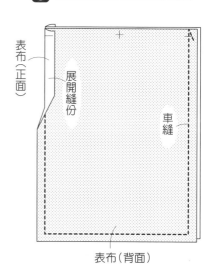

表布（正面）
展開縫份
車縫
表布（背面）

4 將裡布的脇邊和底部縫合

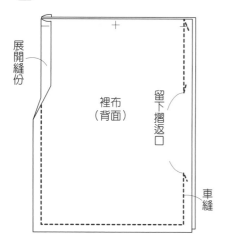

展開縫份
裡布（背面）
留下摺返口
車縫

5 製作提把

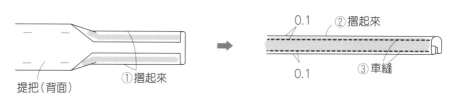

提把（背面）
①摺起來
0.1
②摺起來
0.1
③車縫

6 將表布和裡布縫合

將提把夾縫在中間
車縫
5 5
裡布（背面）

7 翻回正面並將周邊縫合

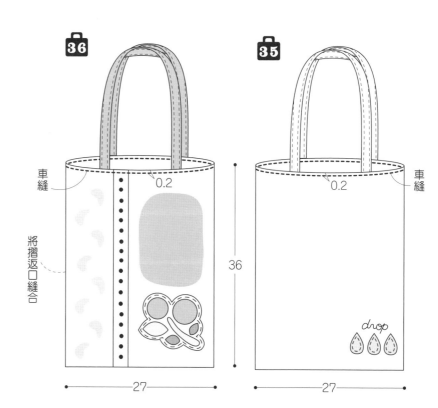

36
車縫
0.2
將摺返口縫合
36
27

35
0.2
車縫
drop
27

B布的剪裁方式

實物大小的拼縫圖案在92頁

■材料
A布（斜紋棉布、素色）長60cm寬50cm
B布（棉布、圓點）長70cm寬40cm
拼縫花樣布B（棉布、條紋）長15cm寬15cm
接著襯　長60cm寬40cm
不織布（米黃色）長15cm寬10cm
　　　　（深綠色）長10cm寬10cm
並太毛線（淺咖啡色）
25號刺繡線（綠色·深綠色）

A布·接著襯的剪裁方式

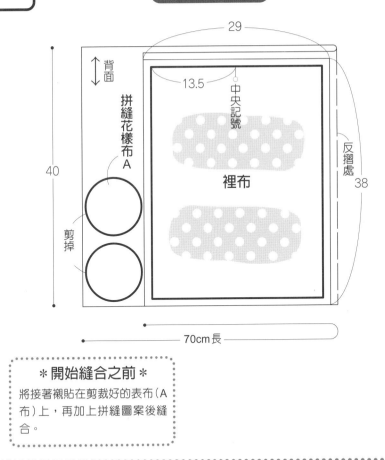

背面

29

13.5

中央記號

拼縫花樣布A

裡布

反摺處

38

40

剪掉

70cm長

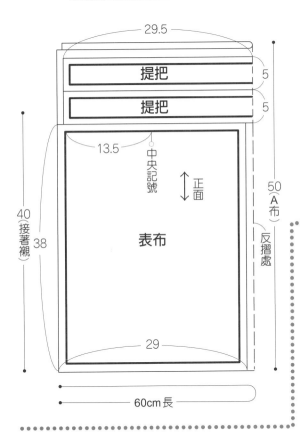

29.5

提把

提把

5

5

13.5

中央記號

正面

50（A布）

反摺處

40（接著襯）

38

表布

29

60cm長

＊開始縫合之前＊
將接著襯貼在剪裁好的表布（A布）上，再加上拼縫圖案後縫合。

33 的做法（詳情請參考74頁）

1 將拼縫圖案縫到表布上
2 將表布的脇邊和底部縫合
3 將裡布（B布）縫合
4 製作提把
5 將表布和裡布縫合
6 翻回正面，將周圍縫合

5 將表布和裡布縫合

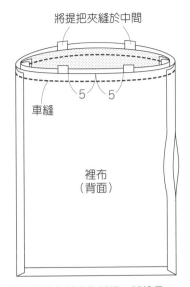

將提把夾縫於中間

5　5

車縫

裡布（背面）

6 翻回正面，將周圍縫合

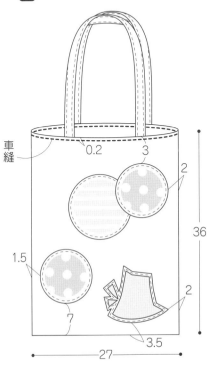

車縫

0.2　3

2

36

1.5

7

3.5

2

27

★剪裁時，粗線是完成線，延伸到細線的部分為縫份，縫份是1cm。

實物大小的拼縫圖案在93頁

■材料（38、39）
A布（棉布、素色）長110cm寬50cm
B布（棉布、花紋）長110cm寬50cm
接著襯　長60cm寬40cm
不織布（淺咖啡色）長20cm寬20cm
　　　　（橘色、草綠色）長10cm寬10cm
　　　　（深綠色）長10cm寬5cm
斜紋布（原色）長70cm寬2cm
並太毛線（淺土黃色）
25號刺繡線（昔綠色、深綠色、橘色）

B布的剪裁方式

A布・接著襯的剪裁方式

60cm長（接著襯）

39 提把 29.5 5 5

正面

38 提把 5 5 19

13.5 中央記號

39 表布

10

38 表布

A 布

27 反摺處

29　　22

110cm長

正面

19

花紋布 11

花紋布 13.5 10

裡布 38

裡布

反摺處 27

29　　22

110cm長

＊開始縫合之前＊
將接著襯貼在剪裁好的表布（A布）上，再加上拼縫圖案後再縫合。

38 **39** 的做法（詳情請參考74頁）

1 將花紋布、拼縫圖案縫上表布（A布）
2 將表布的脇邊和底部縫合
3 將裡布（B布）縫合
4 製作提把
5 將表布和裡布縫合
6 翻到正面，將周圍縫合

39

38

0.2

5.5　5.5

7

0.3

25

0.3

斜紋布

20　2.5

平針縫（淺土黃色／毛線）

0.2

6　6

8

0.3

0.3

36

3.5

斜紋布

4　27

★剪裁時，粗線是完成線，延伸到細線的部分為縫份，縫份是1cm。

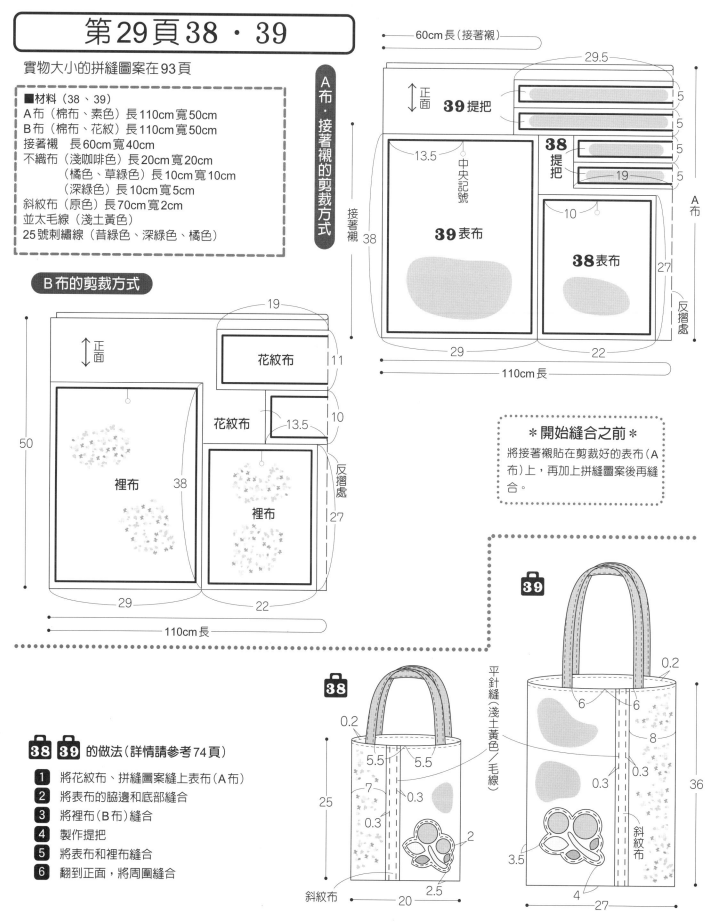

實物大小的拼縫圖案在91頁

■材料（42・43）
A布（棉布、地圖花色）長90cm寬30cm
B布（棉布、素色）長90cm寬30cm
舖棉襯　長90cm寬30cm
不織布（橘色）長20cm寬15cm
　　　　（淺咖啡色）長15cm寬15cm
拉鍊　20cm　2條
25號刺繡線（橘色、淺咖啡色）

■材料（44・45）
A布（棉布、花紋）長90cm寬30cm
B布（棉布、素色）長90cm寬30cm
C布（棉布、花紋）長45cm寬10cm
舖棉襯　長90cm寬30cm
不織布（深藍色）長20cm寬15cm
　　　　（深黃綠色）長15cm寬15cm
拉鍊　20cm　2條
斜紋布（深藍色）長45cm寬2cm
25號刺繡線（深藍色、深黃綠色）

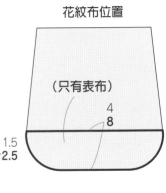

表布的製圖

（43・44＝上段）
（42・45＝下段）

表布
裡布

1.5　2
14　24
4　6　4　6
4　6　4　6
1.5　2.5
14　24

花紋布位置

（只有表布）

4　8

拉鍊要使用剪刀
剪得斷的類型。

A布・B布・舖棉襯的剪裁方式

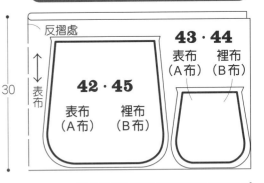

反摺處

43・44
表布（A布）　裡布（B布）

42・45
表布（A布）　裡布（B布）

30　表布

90cm長

＊開始縫合之前＊
先在剪裁好的表布（A布）縫上拼縫圖案後再做縫合動作。

C布的剪裁方式

表布花紋布
10
表布花紋布　裡布
45cm長

2　將舖棉襯固定在表布上，再裝上拉鍊

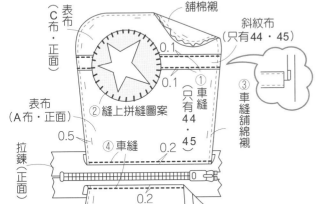

表布（C布・正面）
舖棉襯
斜紋布（只有44・45）
①車縫（只有44・45）
③車縫舖綿襯
②縫上拼縫圖案
表布（A布・正面）
0.1
0.1
0.5　④車縫　0.2
拉鍊正面
0.2
表布（A布・表面）

42 ～ **45** 的做法（詳情請參考54頁）
1　在表布（A布）上縫上拼縫圖案
2　將舖棉襯固定在表布上，再裝上拉鍊
3　將表布縫合
4　將裡布縫合
5　將表布和裡布縫合

42
24　24

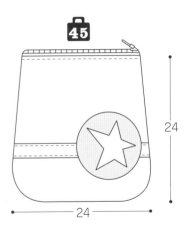

45
24　24

43
14　14

44
14　14

★剪裁時，粗線是完成線，延伸到細線的部分為縫份，縫份是1cm。

實物大小的拼縫圖案在93、94頁

實物大小的拼縫圖案在93・94頁

■ 40的材料
表布（帆布、素色）長50cm寬15cm
不織布（咖啡色）長15cm寬15cm
拉鍊 20cm 1條
25號刺繡線（咖啡色）

■ 41的材料
表布（斜紋布、素色）長50cm寬15cm
不織布（深咖啡色）長15cm寬5cm
拉鍊 20cm 1條
並太毛線（深咖啡色）
25號刺繡線（深咖啡色）

40・41的表布的剪裁方式

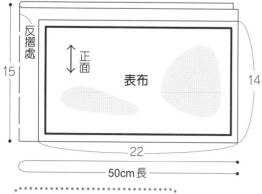

反摺處

↕ 正面

表布

15

14

22

50cm長

拉鍊要使用剪刀
剪得斷的類型。

47・48表布的剪裁方式

反摺處

↕ 正面

表布

20

17

19

40cm長

＊開始縫合之前＊
剪裁好的表布（A布）上先貼上
接著襯後加上拼縫圖案、刺繡
後再縫合。

＊開始縫合之前＊
剪裁好的表布（A布）上先貼上
接著襯後加上拼縫圖案、刺
繡後再縫合。

40 41 的製作方法
（詳情請參考50頁）
1 裝上拉鍊
2 把脇邊縫合
3 翻回正面，將周圍縫合

拼縫圖案的做法

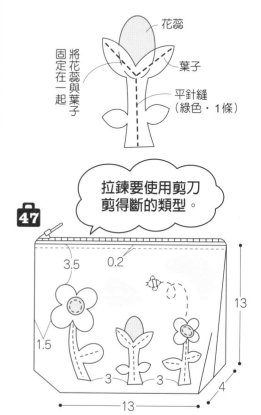

花蕊
將花蕊與葉子固定在一起
葉子
平針縫
（綠色・1條）

拉鍊要使用剪刀
剪得斷的類型。

拼縫圖案的做法

— 直針縫
（咖啡色・6條）

平針縫
（咖啡色・1條）

40
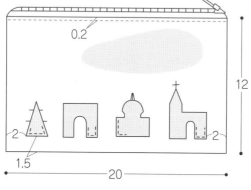
0.2
2
1.5
12
20

41
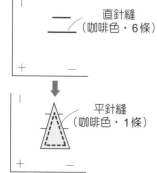
0.2　1.5
12
3　3
2.5　1.5
20

釘線縫
（深咖啡色・毛線）

平針縫
（深咖啡色・1條）

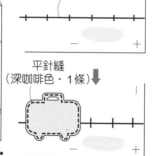

47
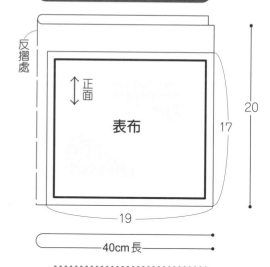
3.5　0.2
1.5
13
3　3
4
13

★剪裁時，粗線是完成線，延伸到細線的部分為縫份，縫份是1cm。

■47的材料
表布（帆布、素色）長40cm寬20cm
不織布（深黃綠色）長10cm寬10cm
　　　（淺藍色・淺咖啡色・粉藍綠色）各5cm×5cm
拉鍊　20cm　1條
25號刺繡線（綠色・淺藍色・黑色）

■48的材料
表布（單寧布・素色）長40cm寬20cm
不織布（深黃綠色）長10cm寬10cm
　　　（淺藍色・桃紅色・粉紅色）各5cm×5cm
拉鍊　20cm　1條
25號刺繡線（綠色・粉紅色・白色）

實物大小的拼縫圖案在89頁

■46的材料
表布（斜紋布、素色）長40cm寬20cm
不織布（深綠色、粉藍綠色）各10cm×5cm
　　　（海水藍色）各5cm×5cm
拉鍊　20cm　1條
25號刺繡線（深綠色、粉藍綠色、深綠色）

表布的剪裁方式

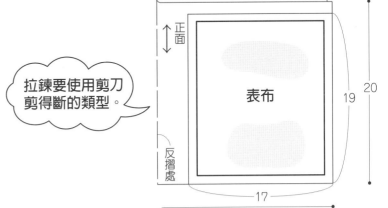

拉鍊要使用剪刀剪得斷的類型。

正面

反摺處

表布

20

19

17

40cm長

47 **48** 的做法
（詳情請參考50頁）
1　裝上拉鍊
2　縫好脇邊的線
3　翻回正面，將周圍縫合

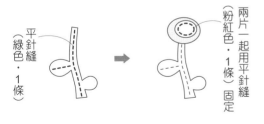

平針縫（綠色・1條）

兩片一起用平針縫（粉紅色・1條）固定

拼縫圖案的做法

平針縫（深綠色・1條）

平針縫（深綠色・1條）

釘線縫（深綠色）

平針縫（粉藍綠色・1條）

46 的做法
（詳情請參考50頁）
1　裝上拉鍊
2　將脇邊縫合
3　翻回正面，將周圍縫合

＊開始縫合之前＊
在剪裁好的表布（A布）上先貼上接著襯後加上拼縫圖案、刺繡後再縫合。

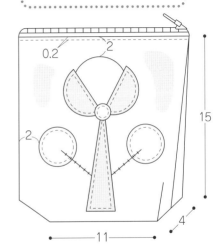

0.2

2

2

15

11

4

 48

拉鍊要使用剪刀剪得斷的類型。

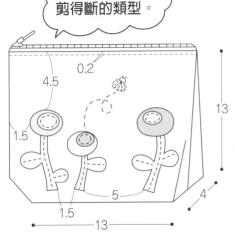

0.2

4.5

1.5

13

1.5

5

4

★剪裁時，粗線是完成線，延伸到細線的部分為縫份，縫份是1cm。

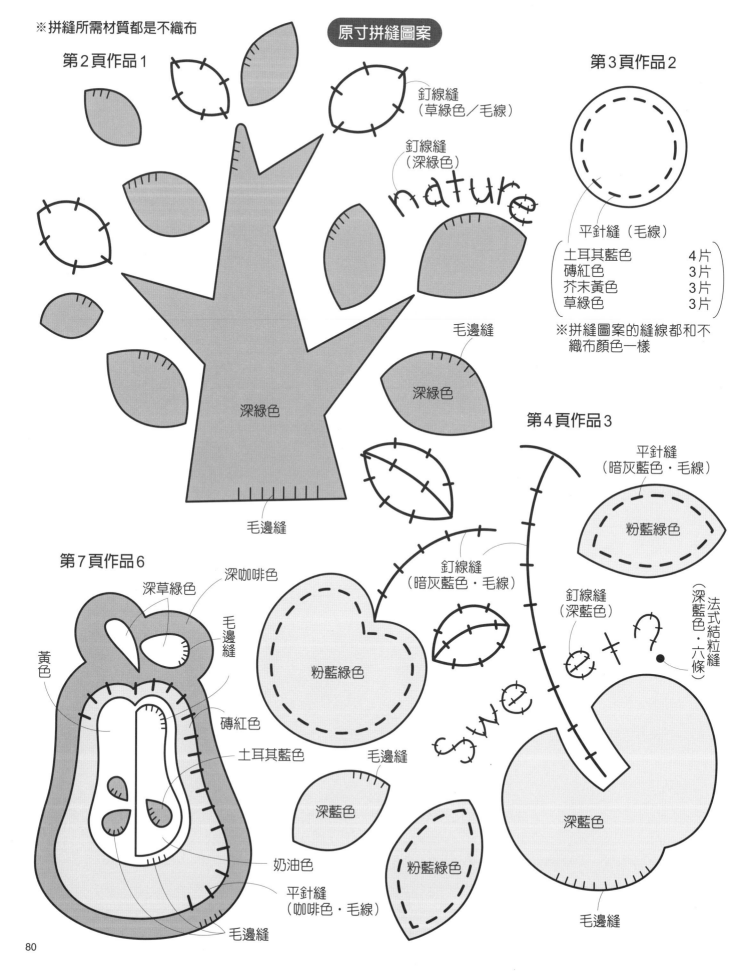

第2頁作品1

釘線縫
（草綠色／毛線）

釘線縫
（深綠色）

nature

深綠色

毛邊縫

深綠色

毛邊縫

第3頁作品2

平針縫（毛線）

土耳其藍色	4片
磚紅色	3片
芥末黃色	3片
草綠色	3片

※拼縫圖案的縫線都和不織布顏色一樣

第4頁作品3

平針縫
（暗灰藍色・毛線）

粉藍綠色

釘線縫
（暗灰藍色・毛線）

釘線縫
（深藍色）

法式結粒縫
（深藍色・六條）

sweet?

深藍色

第7頁作品6

深草綠色

深咖啡色

毛邊縫

黃色

磚紅色

土耳其藍色

奶油色

平針縫
（咖啡色・毛線）

毛邊縫

粉藍綠色

毛邊縫

深藍色

粉藍綠色

毛邊縫

第5頁作品4

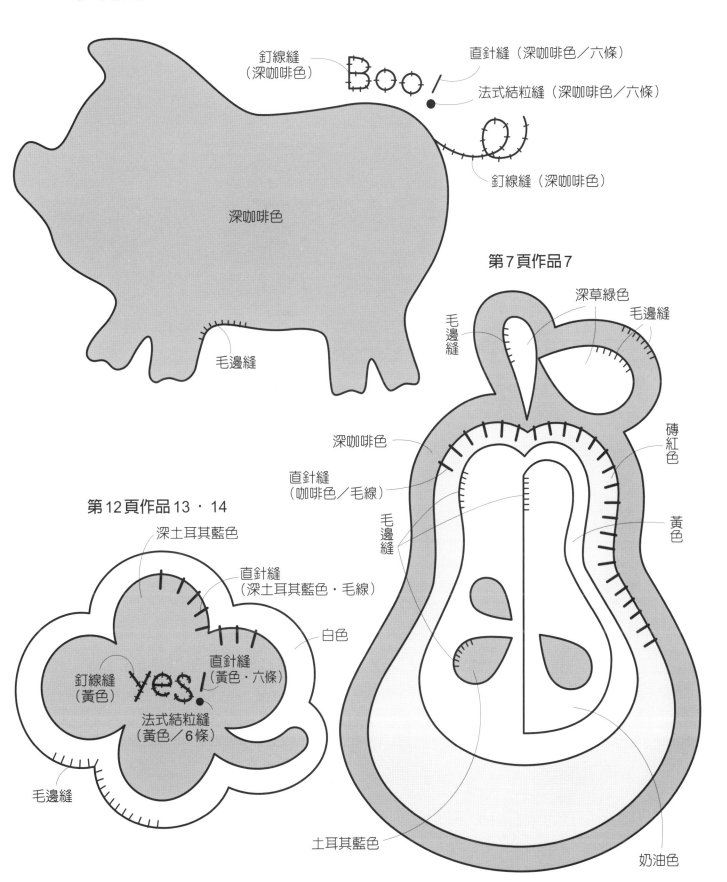

釘線縫
（深咖啡色）

直針縫（深咖啡色／六條）

法式結粒縫（深咖啡色／六條）

Boo!

深咖啡色

釘線縫（深咖啡色）

毛邊縫

第7頁作品7

深草綠色

毛邊縫

毛邊縫

磚紅色

深咖啡色

直針縫
（咖啡色／毛線）

黃色

毛邊縫

第12頁作品13・14

深土耳其藍色

直針縫
（深土耳其藍色・毛線）

白色

釘線縫
（黃色）

yes!

直針縫
（黃色・六條）

法式結粒縫
（黃色／6條）

毛邊縫

土耳其藍色

奶油色

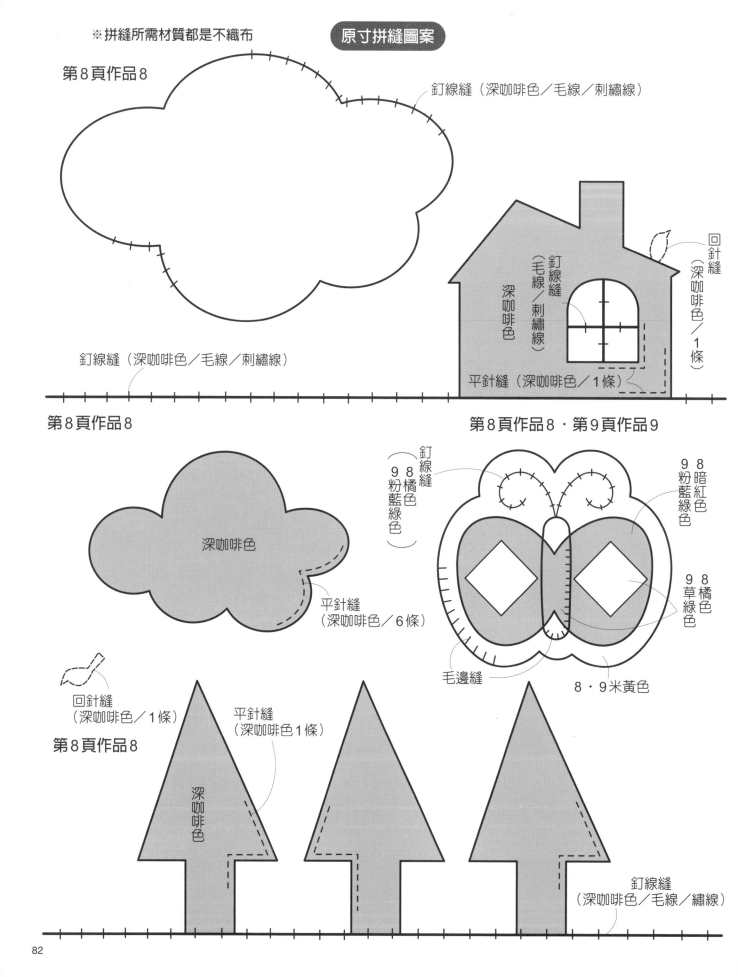

※拼縫所需材質都是不織布

第8頁作品8

釘線縫（深咖啡色／毛線／刺繡線）

釘線縫（深咖啡色／毛線／刺繡線）

釘線縫（毛線／刺繡線）

深咖啡

回針縫（深咖啡色／1條）

平針縫（深咖啡色／1條）

第8頁作品8

第8頁作品8・第9頁作品9

深咖啡色

平針縫（深咖啡色／6條）

釘線縫（9 8 橘色 粉藍綠色）

9 8 暗紅 粉藍綠色

9 8 草綠色 橘色

毛邊縫

8・9米黃色

回針縫（深咖啡色／1條）

平針縫（深咖啡色1條）

第8頁作品8

深咖啡

釘線縫（深咖啡色／毛線／繡線）

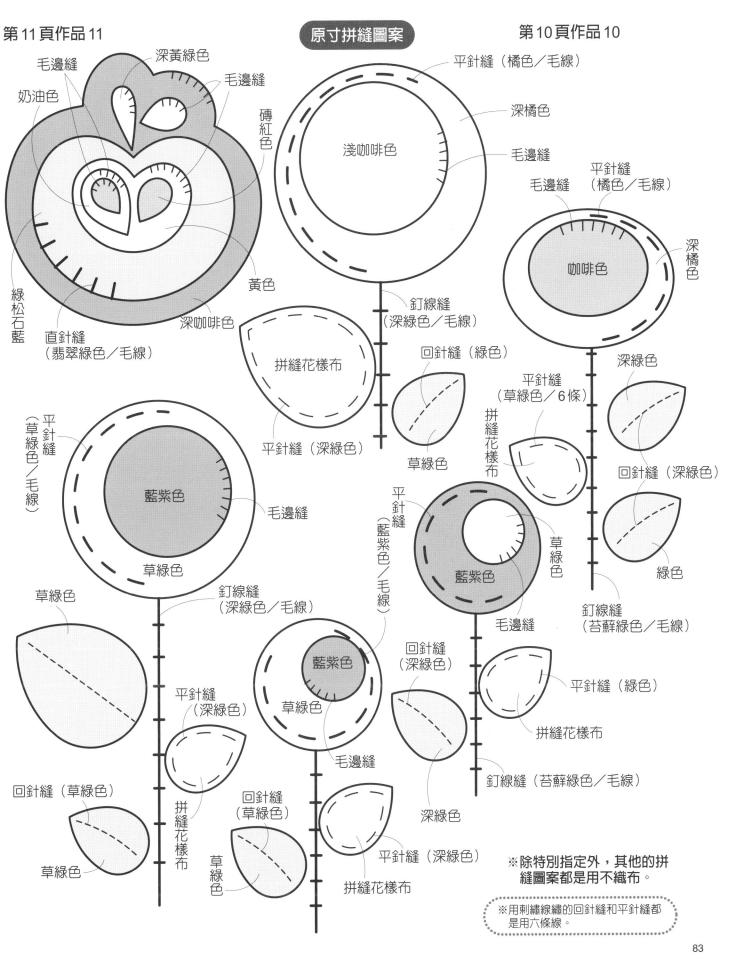

毛邊縫
深黃綠色
奶油色
毛邊縫
磚紅色
綠松石藍
直針縫（翡翠綠色／毛線）
黃色
深咖啡色

平針縫（橘色／毛線）
淺咖啡色
深橘色
毛邊縫

釘線縫（深綠色／毛線）
拼縫花樣布
平針縫（深綠色）
回針縫（綠色）
草綠色

毛邊縫
平針縫（橘色／毛線）
咖啡色
深橘色
深綠色
平針縫（草綠色／6條）
拼縫花樣布
回針縫（深綠色）
綠色
釘線縫（苔蘚綠色／毛線）

平針縫（草綠色／毛線）
藍紫色
毛邊縫
草綠色
釘線縫（深綠色／毛線）
草綠色
平針縫（深綠色）
回針縫（草綠色）
拼縫花樣布
草綠色

平針縫（藍紫色／毛線）
藍紫色
草綠色
毛邊縫
藍紫色
草綠色
毛邊縫
回針縫（草綠色）
草綠色
拼縫花樣布

回針縫（深綠色）
平針縫（綠色）
拼縫花樣布
釘線縫（苔蘚綠色／毛線）
深綠色
平針縫（深綠色）
拼縫花樣布

※除特別指定外，其他的拼縫圖案都是用不織布。

※用刺繡線繡的回針縫和平針縫都是用六條線。

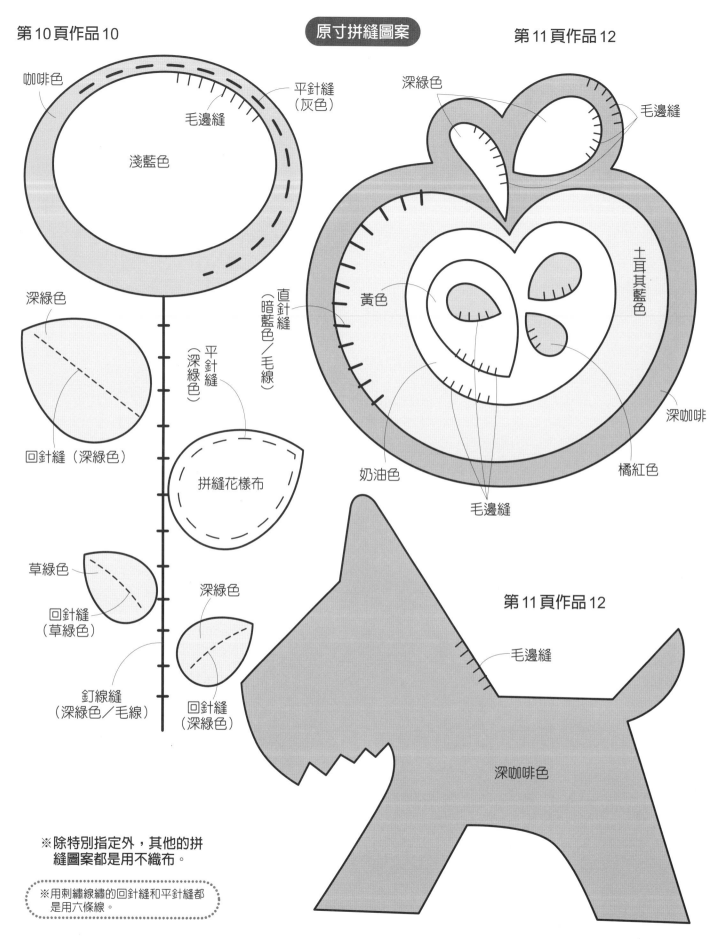

※除特別指定外，其他的拼縫圖案都是用不織布。

※用刺繡線繡的回針縫和平針縫都是用六條線。

原寸拼縫圖案

※除毛邊縫以外的刺繡都是用六條線。

※拼縫圖案都是用不織布

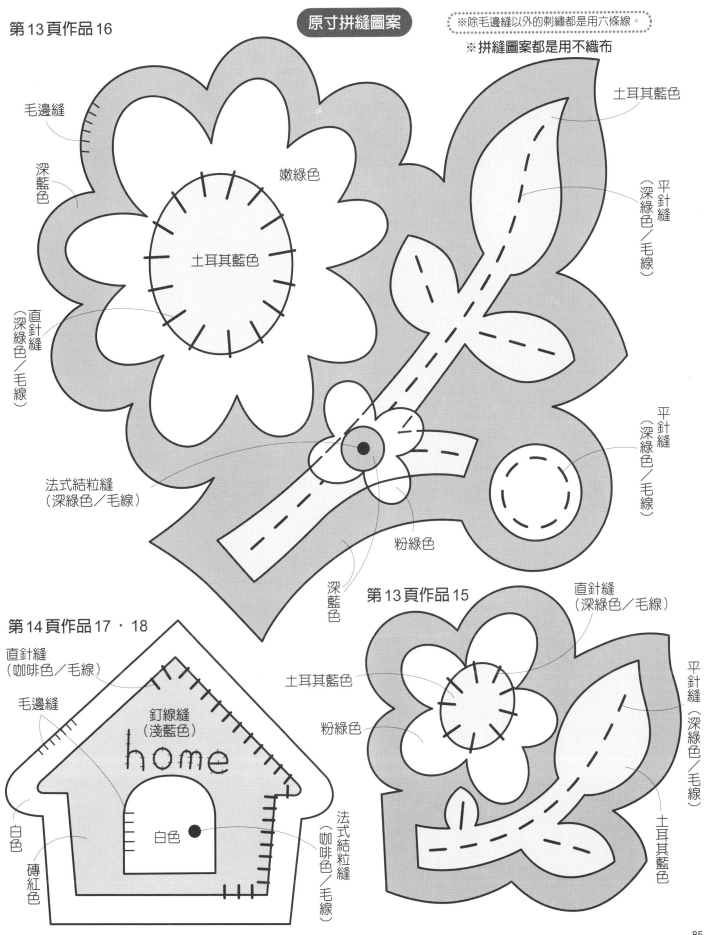

土耳其藍色

毛邊縫

深藍色

嫩綠色

土耳其藍色

平針縫（深綠色／毛線）

直針縫（深綠色／毛線）

法式結粒縫（深綠色／毛線）

平針縫（深綠色／毛線）

粉綠色

深藍色

第13頁作品15

直針縫（深綠色／毛線）

土耳其藍色

粉綠色

平針縫（深綠色／毛線）

土耳其藍色

第14頁作品17・18

直針縫（咖啡色／毛線）

毛邊縫

釘線縫（淺藍色）

home

白色

白色

磚紅色

法式結粒縫（咖啡色／毛線）

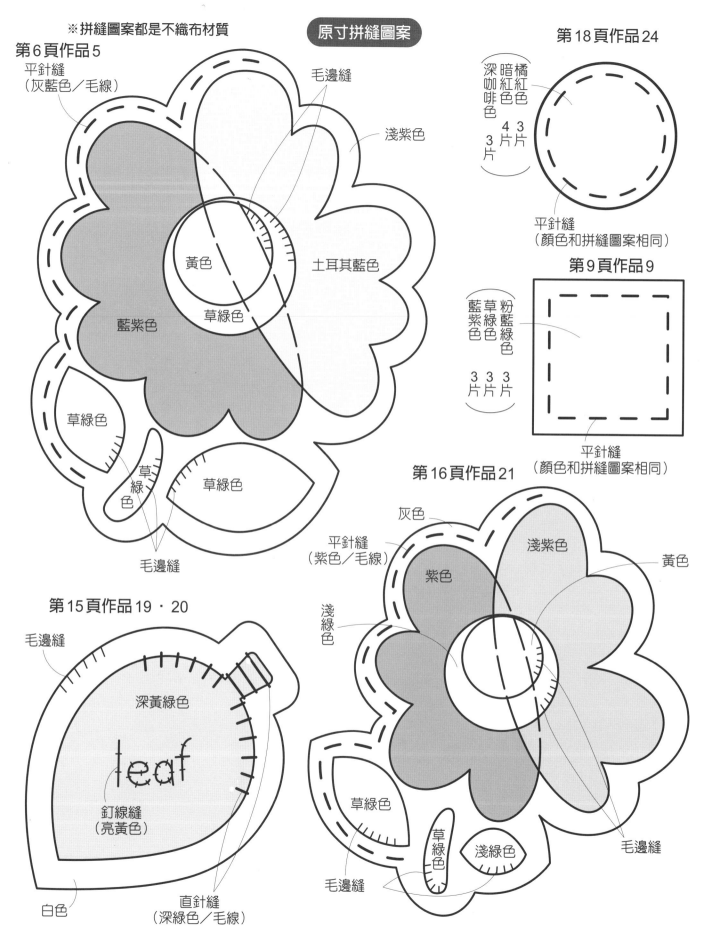

※拼縫圖案都是不織布材質　　原寸拼縫圖案

第6頁作品5

平針縫
（灰藍色／毛線）

毛邊縫

淺紫色

黃色

土耳其藍色

草綠色

藍紫色

草綠色

草綠色

草綠色

毛邊縫

第18頁作品24

深咖啡色　暗紅色　橘紅色
3片　4片　3片

平針縫
（顏色和拼縫圖案相同）

第9頁作品9

藍紫色　草綠色　粉藍綠色
3片　3片　3片

平針縫
（顏色和拼縫圖案相同）

第16頁作品21

灰色

淺紫色

平針縫
（紫色／毛線）

紫色

黃色

淺綠色

草綠色

草綠色

淺綠色

毛邊縫

毛邊縫

第15頁作品19・20

毛邊縫

深黃綠色

leaf

釘線縫
（亮黃色）

直針縫
（深綠色／毛線）

白色

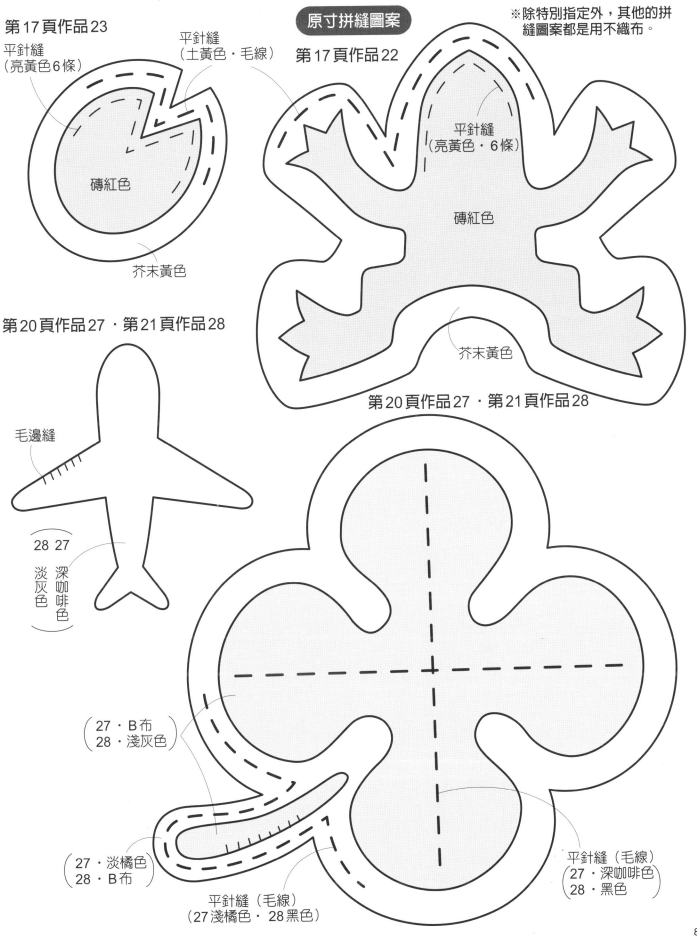

第17頁作品23

平針縫
（亮黃色6條）

平針縫
（土黃色·毛線）

磚紅色

芥末黃色

第17頁作品22

※除特別指定外，其他的拼縫圖案都是用不織布。

平針縫
（亮黃色·6條）

磚紅色

芥末黃色

第20頁作品27 · 第21頁作品28

毛邊縫

28 27
淡灰色 深咖啡色

第20頁作品27 · 第21頁作品28

（27·B布
28·淺灰色）

（27·淡橘色
28·B布）

平針縫（毛線）
（27淺橘色 · 28黑色）

平針縫（毛線）
（27·深咖啡色
28·黑色）

第19頁作品26

平針縫
（綠色／1條）

釘線縫
（黑色毛線‧刺繡線）

黑色

毛邊縫

黑色

黑色

黑色

釘線縫
（綠色）

毛邊縫

毛邊縫

黑色

黑色

毛邊縫

釘線縫
（黑色／毛線‧刺繡線）

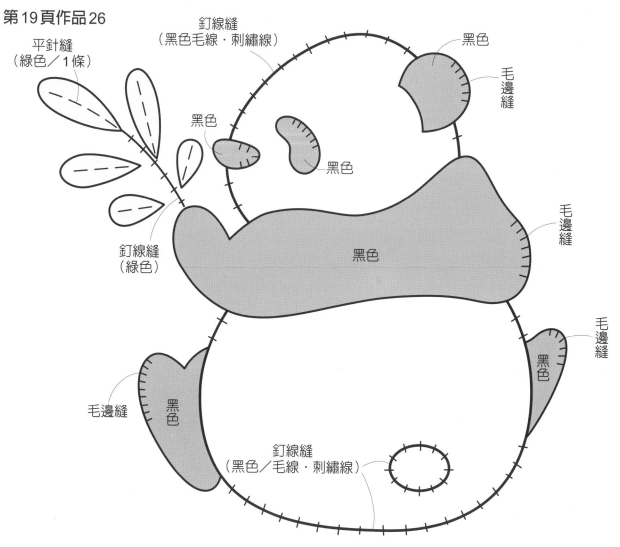

第19頁作品25

第19頁作品26

綠色

平針縫
（綠色／1條）

綠色

釘線縫
（綠色）

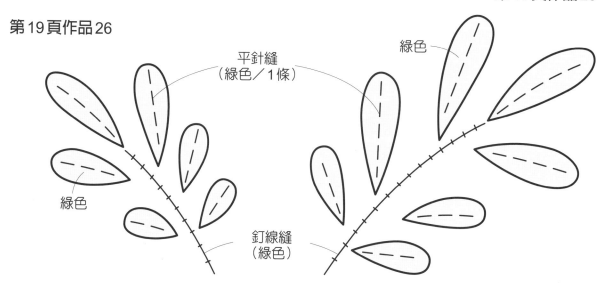

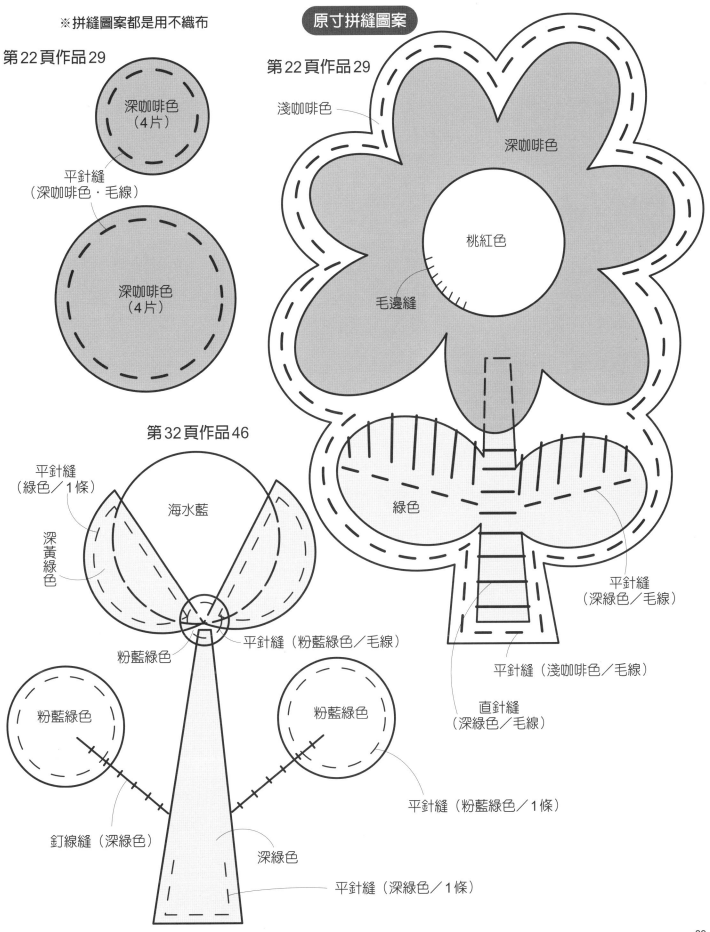

※拼縫圖案都是用不織布

原寸拼縫圖案

第22頁作品29

第22頁作品29

深咖啡色
（4片）

平針縫
（深咖啡色・毛線）

深咖啡色
（4片）

淺咖啡色

深咖啡色

桃紅色

毛邊縫

綠色

平針縫
（深綠色／毛線）

平針縫（淺咖啡色／毛線）

直針縫
（深綠色／毛線）

第32頁作品46

平針縫
（綠色／1條）

海水藍

深黃綠色

粉藍綠色

平針縫（粉藍綠色／毛線）

粉藍綠色

粉藍綠色

平針縫（粉藍綠色／1條）

釘線縫（深綠色）

深綠色

平針縫（深綠色／1條）

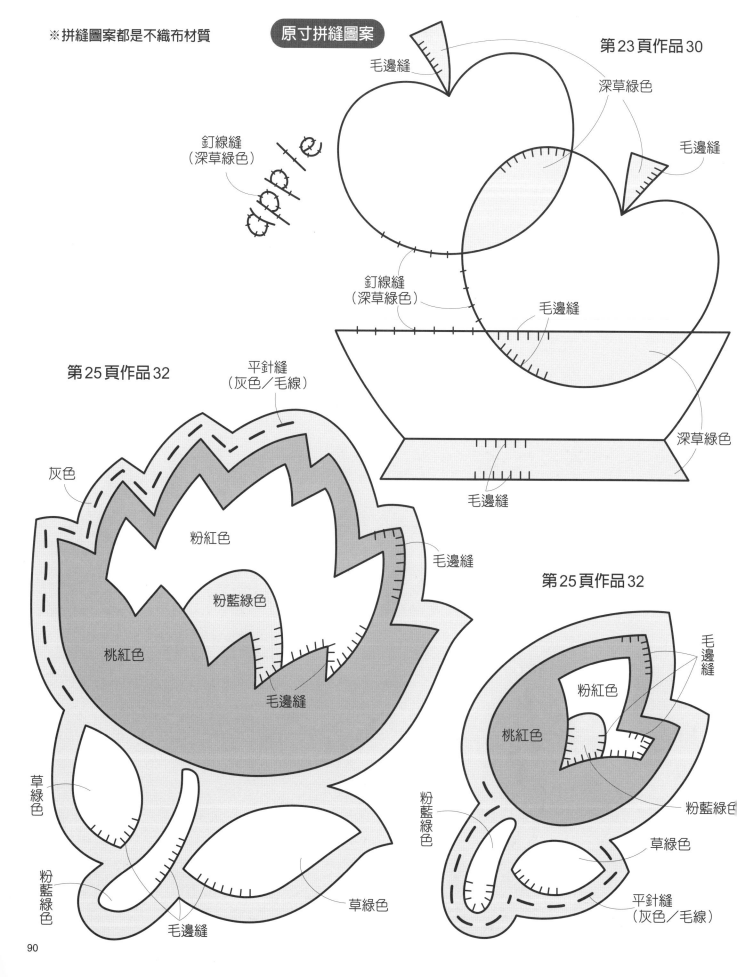

※拼縫圖案都是不織布材質　　原寸拼縫圖案

第23頁作品30

毛邊縫

深草綠色

毛邊縫

釘線縫
（深草綠色）

apple

釘線縫
（深草綠色）

毛邊縫

毛邊縫

深草綠色

第25頁作品32

平針縫
（灰色／毛線）

灰色

粉紅色

毛邊縫

粉藍綠色

桃紅色

第25頁作品32

毛邊縫

毛邊縫

粉紅色

草綠色

桃紅色

粉藍綠色

粉藍綠色

草綠色

毛邊縫

草綠色

平針縫
（灰色／毛線）

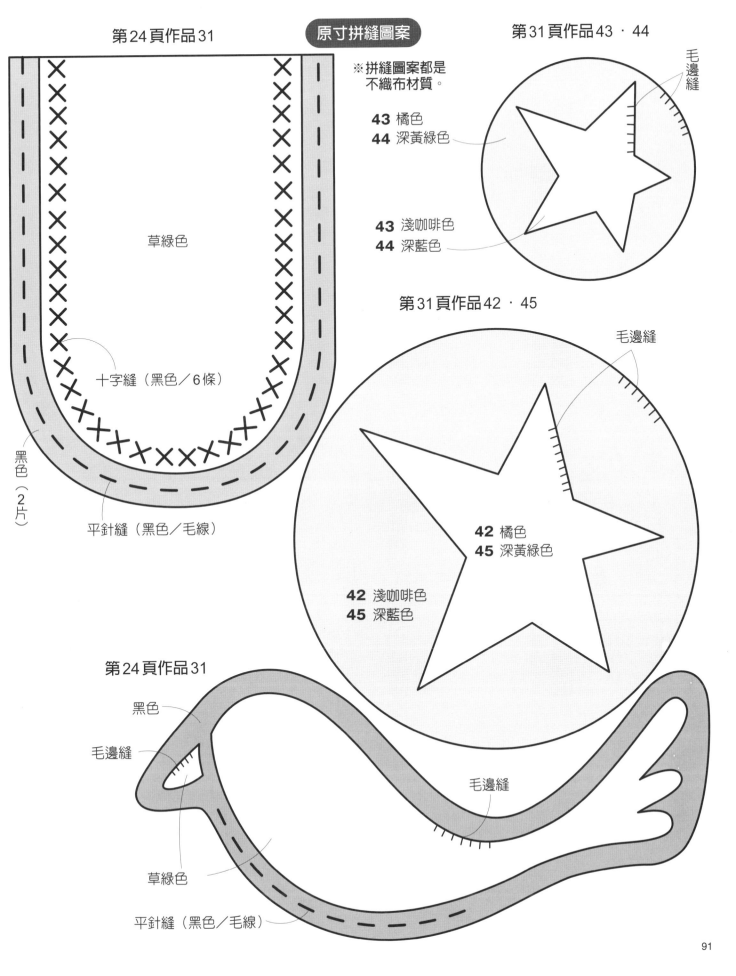

第24頁作品31

第31頁作品43・44

※拼縫圖案都是不織布材質。

43 橘色
44 深黃綠色

毛邊縫

43 淺咖啡色
44 深藍色

草綠色

十字縫（黑色／6條）

黑色（2片）

平針縫（黑色／毛線）

第31頁作品42・45

毛邊縫

42 橘色
45 深黃綠色

42 淺咖啡色
45 深藍色

第24頁作品31

黑色

毛邊縫

草綠色

毛邊縫

平針縫（黑色／毛線）

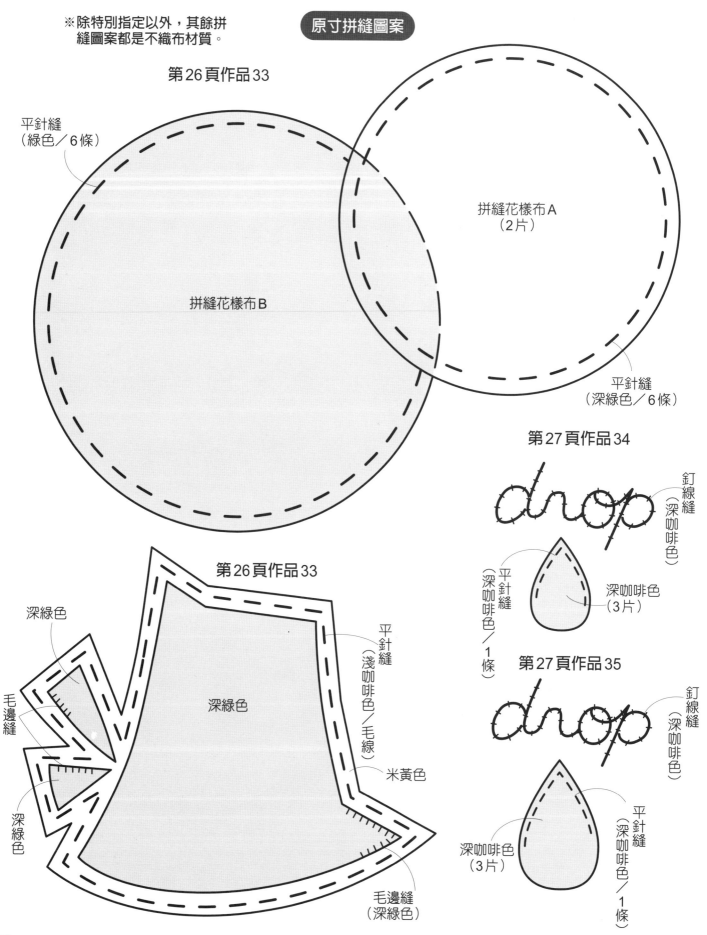

※除特別指定以外，其餘拼縫圖案都是不織布材質。

原寸拼縫圖案

第26頁作品33

平針縫
（綠色／6條）

拼縫花樣布A
（2片）

拼縫花樣布B

平針縫
（深綠色／6條）

第27頁作品34

釘線縫
（深咖啡色）

drop

平針縫
（深咖啡色／1條）

深咖啡色
（3片）

第26頁作品33

深綠色

平針縫
（淺咖啡色／毛線）

毛邊縫

深綠色

米黃色

深綠色

第27頁作品35

釘線縫
（深咖啡色）

drop

平針縫
（深咖啡色／1條）

毛邊縫
（深綠色）

深咖啡色
（3片）

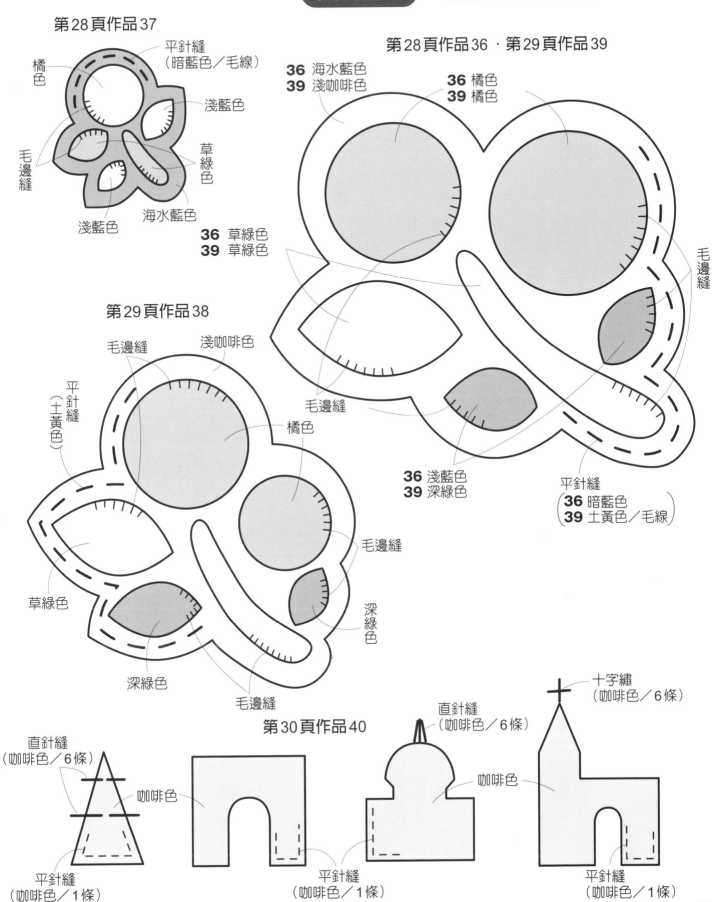

第28頁作品37

橘色
平針縫（暗藍色／毛線）
淺藍色
毛邊縫
草綠色
海水藍色
淺藍色

第28頁作品36・第29頁作品39

36 海水藍色
39 淺咖啡色

36 橘色
39 橘色

36 草綠色
39 草綠色

毛邊縫

毛邊縫

36 淺藍色
39 深綠色

平針縫
(**36** 暗藍色
39 土黃色／毛線)

第29頁作品38

毛邊縫
淺咖啡色
平針縫（土黃色）
橘色
毛邊縫
草綠色
深綠色
深綠色
毛邊縫

第30頁作品40

直針縫（咖啡色／6條）
咖啡色
平針縫（咖啡色／1條）

平針縫（咖啡色／1條）

直針縫（咖啡色／6條）
咖啡色

十字繡（咖啡色／6條）
咖啡色
平針縫（咖啡色／1條）

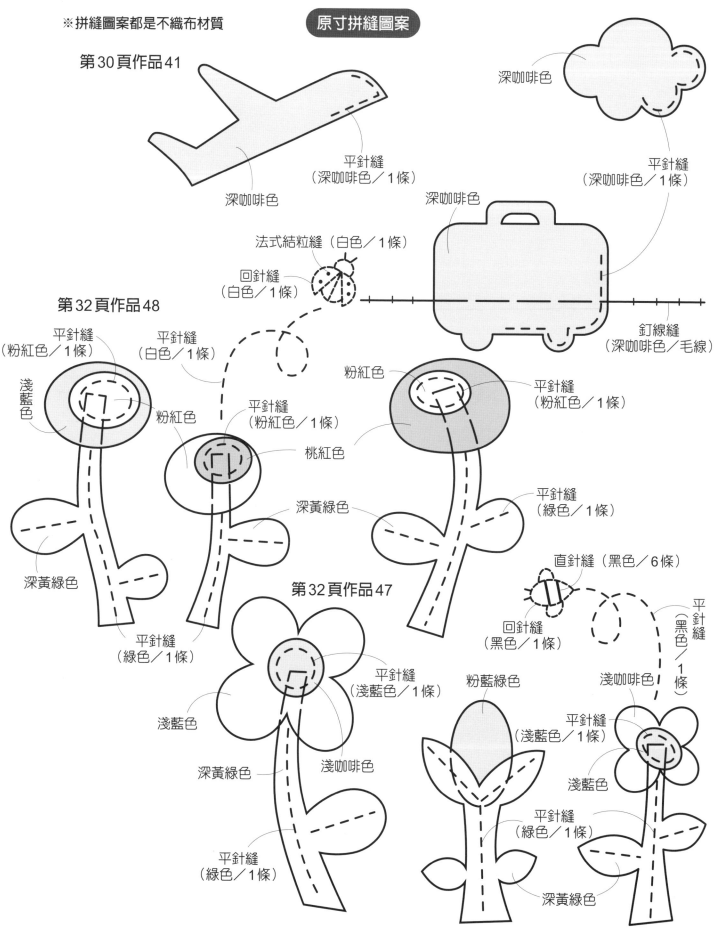

※拼縫圖案都是不織布材質

原寸拼縫圖案

第30頁作品41

深咖啡色

平針縫
（深咖啡色／1條）

深咖啡色

平針縫
（深咖啡色／1條）

深咖啡色

法式結粒縫（白色／1條）

回針縫
（白色／1條）

釘線縫
（深咖啡色／毛線）

第32頁作品48

平針縫
（粉紅色／1條）

平針縫
（白色／1條）

淺藍色

粉紅色

平針縫
（粉紅色／1條）

桃紅色

粉紅色

平針縫
（粉紅色／1條）

深黃綠色

平針縫
（綠色／1條）

深黃綠色

直針縫（黑色／6條）

回針縫
（黑色／1條）

平針縫
（黑色
／1條）

平針縫
（綠色／1條）

第32頁作品47

平針縫
（淺藍色／1條）

粉藍綠色

淺咖啡色

平針縫
（淺藍色／1條）

平針縫
（淺藍色／1條）

淺藍色

淺藍色

深黃綠色

淺咖啡色

平針縫
（綠色／1條）

深黃綠色

平針縫
（綠色／1條）

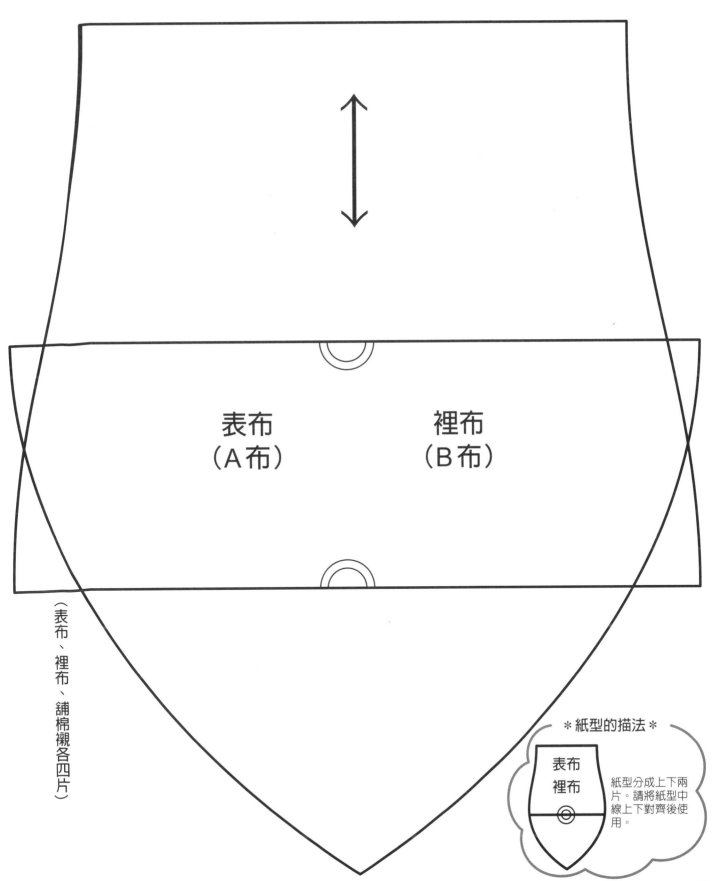

表布
（A布）

裡布
（B布）

（表布、裡布、舖棉襯各四片）

＊紙型的描法＊

表布
裡布

紙型分成上下兩片。請將紙型中線上下對齊後使用。

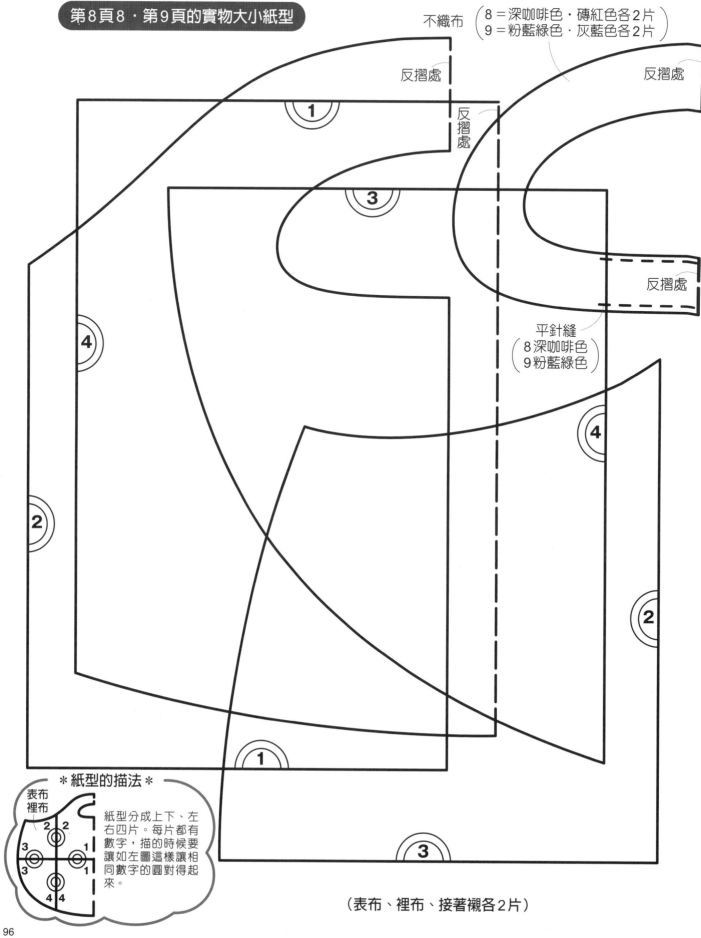

不織布 （8＝深咖啡色·磚紅色各2片）
　　　　（9＝粉藍綠色·灰藍色各2片）

反摺處

反摺處

反摺處

反摺處

平針縫
（8深咖啡色
（9粉藍綠色

＊紙型的描法＊

表布
裡布

紙型分成上下、左右四片。每片都有數字，描的時候要讓如左圖這樣讓相同數字的圓對得起來。

（表布、裡布、接著襯各2片）